農藥這樣選就對了！

就對了！

安全性管理必備手冊
2024

國立臺灣大學昆蟲學系/植物醫學碩士學位學程

許如君 編著

目　錄

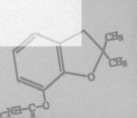

　　本書是「農藥這樣選就對了」抗藥性管理手冊的進階版，「安全性管理必備手冊」的更新版 (2024)，本版著重農藥安全性的介紹，內容針對農藥原體有效成分標註對蜜蜂毒性及加入聯合國為降低化學品對勞工與使用者健康危害及環境汙染，並減少跨國貿易障礙，所推行的化學品分類與標示 GHS (Globally Harmonized System of Classification and Labelling of Chemicals) 之全球調和系統中對水生環境及人體急性及慢性健康安全考量的標註，並加入施用農藥後，限制再進入的時間，希望讓農藥使用者可以利用此本工具書有效且安全的使用農藥。

　　本書的編排維持農用藥劑以不同作用對象分類外，亦收列**免登記植物保護資材**及**有機產品可用資材**以供完善用藥選擇。除了農用藥劑之外，本版亦加列**環境衛生用藥**中有關殺蟲劑的作用對象分類，供環境衛生用藥的參考。此外，針對作用機制的分類及代碼，因應 2022 年殺蟲劑抗藥性作用聯盟 (IRAC)、2022 年殺菌劑抗藥性作用聯盟 (FRAC) 及 2020 年除草劑抗藥性作用聯盟 (HRAC) 的改版，**本書亦重新編排除草劑的代碼從英文改為數字、增列除草劑作用目標生化資訊、增加殺蟲劑的五個類別及更新殺菌劑的幾個化學分類和代碼**。最後，因應**殺線蟲劑增列作用目標生化資訊**，亦有編列**機制**和**代碼**，本版亦採用作物永續協會 (crop life) 的系統來進行分類。

　　本版中的有效成分更新目前已登記的殺蟲劑賜派地

(spiropidion，IRAC23) 及阿扶平 (afidopyropen，IRAC9D)；殺菌劑派滅芬 (pydiflumetofen，FRAC7，C2)、派芬農 (pyriofenone，FRAC50，B6) 及派本克 (pyribencarb，FRAC11，C3)；除草劑的比拉芬 (florpyrauxifen-benzyl，HRAC4) 及派伏利 (pyriftalid，HRAC2)。**免登記植物保護資材的成分也更新到 21 項，包括磷酸鐵 (Ferric phosphate)、肉桂精油（肉桂醛）(Cinnamon essential oil (Cinnamic aldehyde) 及澳洲茶樹精油 (Melaleuca alternifolia，Tea tree essential oil) 等三項。**

　　國內現行登記的農用藥劑有 360 多種，因應世界潮流，國內持續會有新登記藥劑，但相對有替代性的較高風險農藥亦會逐年退場。目前這些相對高風險藥劑，比如對人畜較不安全，對環境較不友善或對蜜蜂有較高毒性的農藥，有近 60 種。本手冊我們會依照**原體的特性**加註安全性標示提醒用藥人用藥時，更能降低曝露的風險。不過，單一有效成份可以有不同的劑型，針對不同濃度及佐劑等組合的產品，風險會不同，國內登記要求有關蜜蜂毒性、急毒性、對人體急性、慢性健康安全考量及對環境高風險需依照成品農藥的毒性來標註，會和本手冊以原體標註有所出入，使用人在購買成品農藥時可以注意農藥標示。

　　本書所列的農藥以殺蟲劑、殺菌劑及除草劑為三個主要使用對象，分別有一百多種用藥。這些用藥依其作用機制歸類，**殺蟲劑分為近 35 類，殺菌劑 50 類及除草劑 30 多類**。這麼多類別的農藥如何有效使用，且維持當初上市的藥效是使用農藥最大的挑戰。新登記的農藥，在初期都能良好的防治效果，但往往不久就令人

覺得藥效逐步減退甚或無效，這都是因為防治對象產生了抗藥性的問題。**抗藥性管理中，輪替不同作用機制農藥並減少選汰壓的發生是目前唯一有效的方法**，本書亦延用上版中依 FAO 抗藥性導引及歐盟文件加註抗藥性風險進行標註，提醒用藥時針對抗藥性不同風險進行更積極的管理。

毒性再高的農藥，如果沒有接觸也不會有危害，毒性再低的農藥，只要有接觸就可能有風險。所以，農藥會不會危害在於對其的**曝露量**，使用農藥時應進行個人安全防護，可降低曝露到農藥的風險。但大家往往沒有注意到，用完藥後，藥劑尚未消退且在沒有安全防護情況下，進入施用過農藥的地方所造成的危害風險。因此，本版會因應農藥的毒性，加入限制進入的時間，提醒用藥人田間還有農藥的曝露風險，千萬不要讓對農藥較敏感生物 (如懷孕婦女、嬰幼兒及寵物) 進入；如果一定要進入，也在不同的時間規範下，逐步開放專業人員進入、勞動者到一般人或較敏感的個體。一樣的，這個部分在國外是針對成品農藥來規範，而國內目前還沒有這個規範，我們可採用加拿大的作法，以成品農藥急性毒性劃為農藥第四級以後的毒性，禁止進入的時間為 24 小時以內及第三級以上的農藥 2 天以上才能無限制的進入。本文主要是參照國外針對成品農藥的規範，大致標註限制進入的時間供用藥人參考，不過，影響農藥在環境中的消退會和溫度、濕度及作物有關，果園中消退的時間較蔬菜田為長，所需限制進入的時間更長。目前書本中的時間為較少的時間，有安全疑慮的可以再延長限制進入的時間。

　　農藥的特性會影響農藥使用上的風險及效果，除了上述安全性的考量外，**有效的使用農藥**可降低過量使用農藥的風險。本書依農藥是否可在植物體內移行而分為「**系統性及接觸性**」二大類。這二種特性會影響用藥人用藥的方式，**接觸性只有在疫病蟲害直接接觸到藥劑才會有藥效，而系統性除直接接觸到藥劑外，在農藥進入植株後，大部分透過由下往上時移轉到植株其他部位後，疫病蟲害接觸到藥劑後才能達到防治的目的**。針對系統性藥劑本書依其系統性的局限性，分為系統性、局部系統性、選擇性系統性及穿層滲透等四種來進行標註。

　　雖然，此書已列出各藥劑的相關特性如系統性特性、酸鹼度的穩定性、作用機制、抗藥性風險程度，對人及生態風險。不過，各藥劑的使用效力還是會和水質、農藥的劑型、混合農藥的調配及施藥技術所影響，唯有對藥劑特性的瞭解、用藥時的安全防護下、進行抗藥性管理及增進用藥的技術才能有效的用藥。希望透過這本書，能讓大家更有效的使用農藥。國內自 108 年 8 月亦要求在農藥標示上要標註作用機制代碼，用藥要輪用不同作用機制(不同代碼)，讓用藥人可進行抗藥性管理。

　　雖然本書已儘量就可以查詢的資料及依據學理上來進行統整，不過，知識與日俱進且難免會有疏漏，如有誤植還是以官方的資料為準，使用者還是要對相關資料有查證的責任。

國立臺灣大學昆蟲學系 / 植物醫學碩士學位學程　許如君
2024 年 10 月 1 日

本書是一本指導**有效使用農藥的工具書**,希望藉由國際性的抗藥性行動聯盟組織建立出的化學及作用機制分類來進行**抗藥性管理**及利用化學品分類與標示之全球調和系統中對**水生環境、人體急毒性**及**慢性健康安全**考量的標註,可以利用此本工具書有效且安全的使用農藥。內容依不同作用對象分類,收納農用藥劑的殺蟲劑與殺蟎劑、殺菌劑、除草劑、殺鼠劑、殺螺劑及殺線蟲劑的作用機制並添加環境衛生用藥的殺蟲劑,用藥防治前可以依作用機制檢索歸類農藥,遵守**輪替不同作用機制**的藥劑為原則,減少同類藥劑對害物的選汰壓力,以進行抗藥性的管理,農藥當可維持初上市的效果,避免之後過量用藥造成農藥殘留問題。

　　本書的前身是「農藥這樣選就對了」抗藥性管理手冊,首版於107年3月發行。本書大改版了三種主要作用對象的作用機制代碼,在索引中增列**安全性的標註**及在個別藥劑中增列標註**蜜蜂毒性**,並加入**限制進入**已施藥區域的時間,讓我們施用藥劑能更加謹慎。此版同樣的也維持抗藥性風險的歸類,如在抗藥性風險較高的農藥類別時,要遵守每種植季不能連續超過二次的用藥,每年的用藥次數也要進行控制,幫助自己達到更好的抗藥性的管理,維持有效的用藥。

　　藥劑之特性會影響到農民施用的時機及方法,接觸性藥劑可藉由水去除表面的農藥殘留;系統性則可以讓藥劑施用時不用接觸到害物,而藉由輪導作用來進行植物體內的移行,達到害物防除的目的。農民在選用藥劑時,可因害物是否可能直接接觸到藥

劑，而選用系統性或接觸性藥劑，或是防治對象具刺吸式口器，則需採用系統性藥劑較為適宜等。再者，系統性藥劑會殘留在植株內，不可用水清洗去除，施用時要更加注意其殘留風險。本書針對系統性的移行特性再細分為四種，極少部分農藥具有向下移行的特性，亦會在本書特別標註。針對農藥在水中的安定性，本版亦針對在鹼性中較為不穩定的農藥標註酸的字樣或在鹼性環境較穩定的農藥標註鹼的字樣，以供區別，提醒水質的調配或是農藥混合時應特別注意不相容的情況。

殺蟲劑的作用機制很多，但如針對蟲體的不同生理部位的標的，則可依IRAC歸類成五大類，如神經和肌肉、生長和發育、呼吸系統、中腸及未知或無特定部位等。此分類法可歸類出藥效反應的時間，或對標的害蟲的選擇性，讓選用殺蟲劑時，可有更好的參酌基礎。**本版增加了代碼30-34、作用機制未知或不明的類別 (UN) 包含化學品、精油、微生物、礦物或胜肽等。**除了依國際上對殺蟲劑的分類外，此書亦參照國內登記用藥及**免登用藥**加入現有的分類系統。

疫病對寄主作物的危害亦可分為不同的時期，會影響殺菌劑施用的時期及選用。如**施用殺菌劑時，採預防或是治療，甚是病徵出現後，要進行除滅等的用藥選擇都會有所不同。**病原菌入侵的時間及在植體內發展的程度，決定了不同殺菌劑的適當使用時機。如真菌已入侵植體內並開始增生時，此時如施用僅有保護劑作用的殺菌劑，並無法有效的防治病害。為達到最有效的用藥，施藥時要能考慮藥劑特性可避免無效施用。另外，搭配殺菌劑的系統性和接觸性的特性，亦可在雨季使用時更方便的選擇，提高

防治的效果。

　　除草劑的部分還涵蓋植物生長調節劑，藥劑轉移分為接觸性與系統性藥劑二類，一般接觸性的移動距離有限，而系統性的會在木質部或光合產物之韌皮部，從根部移向芽體或葉尖，或從供源移向積儲器官，少數則兼具導管及篩管雙向傳導的性質。針對除滅雜草的部分依作用的時期可分成萌前及萌後，在萌前除草劑經由根及幼莖吸收，對休眠之雜草種子無效，當種子突破內胚層會有較好的防治效果，在子葉時亦還會有效果，但已具備三或四葉以上時則效果很差；相反的，萌後除草劑需要有較多的葉子來將藥劑運輸到全身或是反應藥劑的效果。另外，針對作用對象的選擇與否亦可分為選擇性除草劑及非選擇性除草劑。市面上萌前除草劑均具選擇性。非選擇性的除草劑則以接觸性的以藥液要能噴到的部位才能作用，所以適於一年生草本雜草，針對多年生雜草只能殺死地上部。

　　農藥在土壤殘留期較長時會造成下作作物非預期的殘留檢出，對不得檢出這部分會是較常見的違規，因為現在檢驗儀器的靈敏度極高，在10 ppb以下，任何不當用藥都會現形，造成消費者對農產品安全性的疑慮且造成生產者巨額的損失。針對土壤施藥時，要特別注意農藥的在土壤中的特性，針對長效性藥劑要特別避免。

　　此外，此手冊亦將目前無有效許可證的有效成分加以標示，但有些有效成分雖無登記單劑，卻以混合劑的型式存在於市售產

品，在此亦標示以提醒農民，讓選用藥劑時可以與時俱進。

國內針對農藥作用機制系統性的介紹可追溯到2008年由農業藥物毒物試驗所農藥化學組發行的「農藥作用機制分類索引」，當初以化學分類及作用機制來給予分門別類，每二年更新一次，至今已有10年的光景。在此希望藉由上述農藥特性及安全性的額外資訊，讓農民更能有效的利用農藥，並針對抗藥性的發生及安全性進行管理。

使用農藥時，請依下列建議建行害物的抗藥性管理：

1. 不以農藥為主要及唯一的防治手段，採用IPM (害物整合管理)為對抗疫病蟲害的手段。使用農藥時，輪替不同作用機制，不亂混用藥劑。

2. 用藥尋求專家的建議，如各地區試驗改良場所及大專院校相關科系之農業推廣及植物保護專家。目前有多個試驗場所有提供即時線上診斷，亦可多加利用。

3. 取得最新的正確用藥及防治資訊：行政院農業委員會員動植物防疫檢疫局農藥資訊網 https://pesticide.aphia.gov.tw/information/。

4. 可參照農業藥物試驗所編列的植物保護資訊系統 https://otserv2.acri.gov.tw/PPM/。

5. 選擇適當的防治時機用藥，如害物發生之初，或害物出現之時。

6. 依農藥標示用藥，不隨意增減藥劑的用量或單位面積使用量並

遵照栽種期的用藥次數。

7. 懷疑害物對農藥產生抗藥性時，請向農藥產品登記業者反映或將相關資訊提供農政單位追蹤。

　　本版針對農業安全性的部分，列出農藥急性毒性分類、農藥危害圖示標示、蜜蜂急性毒性及限制進入的時期予以說明。

重要資訊來源：

- 動植物防疫檢疫局農藥資訊網 https://pesticide.aphia.gov.tw/information/

- 農藥屬性資料庫 https://sitem.herts.ac.uk/

- 作物永續發展協會 http://www.croplifetaiwanchina.org/

- 殺菌劑抗藥性行動委員會 http://www.frac.info/

- 殺蟲劑抗藥性行動委員會 http://www.irac-online.org/

- 殺線蟲劑抗藥性行動委員會 (Nematicide Mode of Action Classification)

- 除草劑抗藥性行動委員會 http://www.hracglobal.com/

- 殺鼠劑抗藥性行動委員會 http://www.rrac.info/

- 國內農藥殘留容許量標準 https://consumer.fda.gov.tw/Law/PesticideList.aspx?nodeID=520&rand=1282323459

- 臺大植醫應援團/共學成長 https://www.facebook.com/groups/1163651690428567

農藥急性毒性分類

一般農藥操作者注重急性毒性的危害，國內成品農藥分成劇毒、中等毒、輕毒及低毒，並以紅色、黃色、藍色及綠色等標示背景帶來區分毒性，為了與國際標準接軌，本書採用「化學品全球分類及標示調和制度 (Globally Harmonized System of Classification and Labelling of Chemicals)」的急性毒性分類，將中等毒再細分成二個級別，分別為第三及第四級。

農藥急性毒性分類

急性毒性分類	危害級別	口服LD_{50} (mg/kg body weight)	皮膚LD_{50} (mg/kg body weight)
極劇毒	第一級	≤ 5	≤ 50
劇毒	第二級	$> 5 \sim \leq 50$	$> 50 \sim \leq 200$
中等毒	第三級	$> 50 \sim \leq 300$	$> 200 \sim \leq 1000$
	第四級	$> 300 \sim \leq 2000$	$> 1000 \sim \leq 2000$
輕毒	第五級	$> 2000 \sim \leq 5000$	$> 2000 \sim \leq 5000$
低毒	未分級	> 5000	> 5000

備註：
1. 成品農藥應依其成品急性毒性值分類。
2. 本項農藥急性毒性分類係參考WHO農藥急性毒性分類，危害級別係參考GHS危害級別分類編制。（試驗動物為大鼠）

農藥危害圖示標示

　　屬化學品的農藥會依照國家標準 CNS15030 的「化學品分類及標示」中進行相關危害圖式、警示語、危害警告訊息等標示，此標準參考 2005年聯合國 "化學品全球分類及標示調和制度" (Globally Harmonized System of Classification and Labelling of Chemicals，編號 ST/SG/AC.10/30/Rev.1) 之規定訂定，針對健康危害及環境危害進行危害標示。

CNS 15030 CNS 15030 化學品分類及標示

危害性	危害圖式	危害分類
健康危害	急毒性	急毒性 (Acute toxicity)
	急性健康危害	腐蝕 / 刺激皮膚 (Skin corrosion/irritation)
		嚴重損傷 / 刺激眼睛 (Serious eye damage/eye irritation)
		呼吸道或皮膚過敏 (Respiratory or skin sensitization)
		吸入性危害 (Aspiration hazard)
		特定標的器官系統毒性 ~ 單一暴露 (Specific target organ systemic

		toxicity - Single exposure)
	慢性健康危害 	生殖細胞致突變性 (Germ cell mutagenicity)
		致癌性 (Carcinogenicity)
		生殖毒性 (Reproductive toxicity)
		特定標的器官系統毒性 ~ 重複暴露 (Specific target organ systemic toxicity - Repeated exposure)
環境危害	環境危害	水環境危害 (Hazardous to the aquatic environment)

急毒性	農藥毒性分類之口服 LD_{50} 數值若為 300 mg/kg 以下,也就是中等第三級以上的毒性,需標註急毒性的危害圖式。

急性健康危害	針對急性健康和慢性健康危害,農藥毒性如屬腐蝕/刺激皮膚 (Skin corrosion/irritation)、嚴重損傷/刺激眼睛 (Serious eye damage/eye irritation)、呼吸道或皮膚過敏 (Respiratory or skin sensitization)、吸入性危害 (Aspiration hazard) 及特定標的器官系統毒性 ~ 單一暴露 (Specific target organ

systemic toxicity - Single exposure) 則需標示急性健康危害。

慢性健康危害 	農藥毒性如屬生殖細胞致突變性 (Germ cell mutagenicity)、致癌 (Carcinogenicity)、生殖毒性 (Reproductive toxicity) 及特定標的器官系統毒性～重複暴露 (Specific target organ systemic toxicity - Repeated exposure) 則需標定慢性健康危害。
環境危害	農藥對水生物毒性屬 CNS 一五○三○之水環境危害物質慢毒性第一級、第二級或急性毒性第一級、第二級者，應標註對魚類危險或有害之危害防範圖式，在農藥標示及使用方法中亦會另加註「勿使用於自來水水質水量保護區、飲用水水源水質保護區或飲用水取水口一定距離內之地區」之警語。

級別：急性 I

96 小時 LC_{50} (魚類) ≤ 1 mg/l 和 / 或

48 小時 EC_{50} (甲殼綱) ≤ 1 mg/l 和 / 或

72 或 96 小時 ErC_{50} (藻類或其他水生植物) ≤ 1 mg/l

某些管理制度可能將急性 I 再細分，使更低範圍 $L(E)C_{50} \leq 0.1$ mg/l，列為另一級別

級別：急性 II

96 小時 LC_{50} (魚類) $> 1 \sim \leq 10$ mg/l 和 / 或

48 小時 EC_{50} (甲殼綱) $> 1 \sim \leq 10$ mg/l 和 / 或

72 或 96 小時 ErC_{50} (藻類或其他水生植物) $> 1 \sim \leq 10$ mg/l

級別：慢性 I

96 小時 LC_{50}（魚類）	≤ 1mg/l 和 / 或
48 小時 EC_{50}（甲殼綱）	≤ 1mg/l 和 / 或
72 或 96 小時 ErC_{50}（藻類或其他水生植物）	≤ 1mg/l

且該物質不能快速降解和 / 或 $\log K_{ow} \geq 4$（經測試確定 BCF< 500 者除外）

級別：慢性 II

96 小時 LC_{50}（魚類）	> 1 到 ≤ 10 mg/l 和 / 或
48 小時 EC_{50}（甲殼綱）	> 1 到 ≤ 10 mg/l 和 / 或
72 或 96 小時 ErC_{50}（藻類或其他水生植物）	> 1 到 ≤ 10 mg/l

且該物質不能快速降解和 / 或 $\log K_{ow} \geq 4$（經測試確定 BCF< 500 者除外），慢毒性 NOECs > 1 mg/l 者除外

　　購買成品農藥時，依其農藥的「化學品分類及標示」特性，其標示中依規定需標示危害圖式（111年8月強制進行）。不過，因為相同有效成份會因不同劑型及含量會有不同的毒性，本書中的農藥是以有效成份來編排，其所列的危害圖式是針對原體的性質來標示，但使用者使用的成品農藥，因急毒性和環境危害和終端產品的濃度有關，會和本書所標示農藥原體的狀況有些出入。成品是原體加副料後製劑而成，相關毒性亦會較原體等比例減少；毒性較高的原體其製成的成品，其相對毒性亦較高；另外，類比時亦要考量成品中主要成份含量高低，越高者其毒性和原體會越發相近。如危害性質屬劑量反應者，成品則會依其劑量範圍而定。

農藥對蜜蜂急性毒性分類

　　蜜蜂是重要的授粉昆蟲，其對殺蟲劑的感受性非常高，施用農藥時稍有不慎，會影響到蜜蜂的存活，也代表對非標的生物的危害；如設施內採用蜜蜂或熊蜂為授粉的作物，沒有考量到農藥對其的影響，誤用農藥造成授粉蜂的損傷，作物即無法結果，沒有收成，失去引進授粉昆蟲的意義。

　　我國的農藥標示管理辦法中，針對農藥對蜜蜂急性毒性分類成三級，其中如對蜜蜂的接觸毒LD_{50}毒性高於 2 µg 時屬第一級，要標註對蜜蜂有劇毒且列有危害圖式。對蜜蜂的接觸毒LD_{50}如在 2 µg $<$ LD_{50} $\leq$ 11 µg/bee，則屬第二級，需在標示上有「對蜜蜂有毒」危害警告訊息，也和健康危害第一級一樣要有危害圖式。第三級則是對蜜蜂相對無毒，無需標註危害圖式。一般施用的農藥為成品，其標示亦如管理法所規定。

農藥成品對蜜蜂急性毒性分類規定

危害級別	分類標準 （蜜蜂成蟲接觸急性毒性）	標註危害圖示	警示語	危害警告訊息
第一級	$LD_{50} \leq 2$ µg/bee		警告	對蜜蜂有劇毒

第二級	$2\ \mu g/bee < LD_{50} \leq 11\ \mu g/bee$		警告	對蜜蜂有毒
第三級	$LD_{50} > 11\ \mu g/bee$	無	無	相對無毒

　　蜜蜂屬昆蟲綱中的膜翅目，舉凡殺蟲劑就會對蜜蜂有較高的毒性，尤以廣效性的殺蟲劑對蜜蜂或熊蜂的毒性很高，幾乎都屬第一級劇毒。其它具選擇性毒性的殺蟲劑才可能屬於較低的蜜蜂急性毒性。

　　本書為區分農藥原體對蜜蜂的急性毒性，將第一級以紅色蜂標示，代表對蜜蜂有劇毒農藥，不適合噴灑蜜蜂活動的區域；第二級以黃色標示，代表對蜜蜂中等毒有警告意味，非不得已要施用時，可避免蜜蜂取水區及蜜蜂回巢後或開始活動前才可施用。

　　第三級對蜜蜂相對無毒，不用對農藥進行標註，不過，本書為了區分沒有蜜蜂毒性資料的部分，在殺蟲劑原體如果是屬於第三級，會標註綠色蜂以示區別。

本書所採用之蜜蜂急性毒性標示

第一級

第二級

第三級

施用農藥後,限制進入的期間

農民栽種過程中,農藥是為確保農產品的品質,不得已才使用的資材。農藥的施用是希望增加農產品的品質或產量,用藥適量不造成環境污染,並降低對使用者的傷害。農藥操作者暴露農藥的風險是一般消費者因農產品殘留而攝入風險的數千倍,而田間勞動者、親屬以及眷養的家禽及家畜,也皆會因進入用藥的環境而增加暴露的風險。

為達到安全用藥的目的,本版會標註在沒有適當防護下,人和牲畜在噴藥後,限制進入噴過藥的農田或設施或環境的期間,標註為限制進入期 (re-entry interval (REI)),以讓施藥者安全操作有所依歸。

為什麼要設立限制進入期,因為噴藥者作業時會有個人防護,如:口罩、手套、長袖衣物,及隨時會注意不要碰觸農藥污染物,勤洗手及換洗衣物等確保安全的作為。但大家可能忽略,噴完藥,空氣、物品及作物上尚有農藥殘留,尤其是具揮發性質的農藥對呼吸傷害更大,亦存在對眼睛及皮膚的傷害,如果接觸殘留農藥後還有飲食的動作也增加攝入的風險。在農藥未完全消退的這段時間,無形中會增加無意識曝露者的風險。

農藥施用後的限制進入期長短除會因農藥有效成分的毒性而不同,影響的因子亦包括農藥本身的化學特性,如殘留期的長短、會不會變成更毒的物質;時間的長短亦會受施用作物的種類影響、果樹或蔬菜靠近收穫期與否、施用的範圍是設施內或是露

天的田間等影響。這些期限亦受劑型及展著劑使用與否的影響。
另外，如為澆灌的施用，亦會縮短限制進入期。總之，影響農藥
在環境中的消退會和溫度、溼度及作物有關，密植或較高植種會
較稀疏的消退期為長，果園中消退的時間又會較蔬菜田長很多，
所需限制進入的時間更長。

限制進入期（REI）長短和急性毒性關係

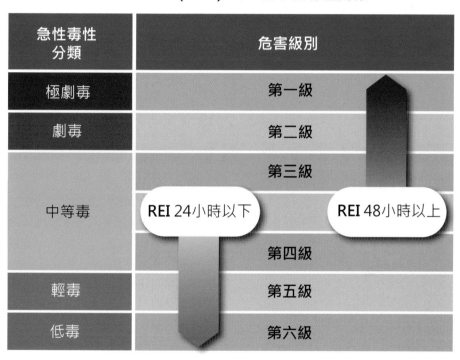

急性毒性分類	危害級別
極劇毒	第一級
劇毒	第二級
中等毒	第三級
	REI 24小時以下　　REI 48小時以上
	第四級
輕毒	第五級
低毒	第六級

　　農藥一般在訂定限制進入期的毒性依據是採用急性毒性分
類，如在中等毒第四級及輕毒及低毒時，至少要24小時的限制進
入期，但若在中等毒中的第三期危害級別以上毒性時，則需要48
小時以上才可以再進入施過藥的區域。如以農藥標示背景帶顏色

21

來識別，則背景帶藍色和綠色的農藥標示可24小時後進入；但若黃色背景帶要看一下危害級別，來決定24或48小時後再進入；施藥之區域若使用紅色背景帶的劇毒農藥則要2天以上的限制進入期。

這邊我們以國外所設定如具24小時限制進入期的農藥為例，噴完藥開始計算24小時REI，在前4小時都不能進入操作環境；4到12小時間為有證照的人員在具有安全防護下可以進入作業；再來的12-24小時，具個人安全防護的工作人員均可以進入作業；最後在24小時的限制進入期後，就可允許所有作業人員進入這個曾操作過農藥的區域。

下面是所噴農藥為24小時安全進入期的例子

0~4 小時	4~12 小時	12~24 小時	+24 小時
• 噴完藥開始計算 24 小時 REI • 不可以進入	• 認證的農民的早期進入 • 不可以徒手作業 • 不可以待超過 1 小時（24 小時內） • 要有安全防護措施	• 工作人員的早期進入 • 不可以徒手作業 • 不可以接觸任何有殘留表面 • 可能要有安全防護措施	• 可進入

限制進入在國內農藥標示上並沒有規定要列出或給予建議，不過，對於在乎農藥安全性的使用者可參照此部分進行自己用藥安全的管理，以避免自己、同事、家人及寵物在沒有預期下接受到農藥的曝露。

前
言

殺蟲劑 (Insecticides) 與殺蟎劑 (Miticides) 作用機制分類

作用機制	IRAC	化學分類及有效成分名稱
乙醯膽鹼酯酶抑制 (Acetylcholinesterase inhibitors) ▨	1A 高	**胺基甲酸鹽類 (carbamates)** 丁基加保扶 (carbosulfan) ⑤ ◇ 丁基滅必蝨 (fenobucarb) 比加普 (pirimicarb) SS 無 ◇ 加保利 (carbaryl) LS ◇ 加保扶 (carbofuran) ⑤ ◇ 安丹 (propoxur) ◇ 安美加 (aminocarb) 無 ◇ 佈嘉信 (butocarboxim) ⑤ 無 免扶克 (benfuracarb) ⑤ ◇ 免敵克 (bendiocarb) ⑤ ◇ 治滅蝨 (metolcarb) ⑤ 納乃得 (methomyl) ⑤ 酸 硫伐隆 (thiofanox) ⑤ 無 ◇ 硫敵克 (thiodicarb) ⑤ ◇ 滅必蝨 (isoprocarb) ◇ 滅克蝨 (XMC) ◇ 滅爾蝨 (xylylcarb) 滅賜克 (methiocarb) ◇ 毆殺滅 (oxamyl) ⑤ ◇ 覆滅蟎 (formetanate) 酸 ◇
	1B 高	**有機磷類 (organophosphates)** 乃力松 (naled) ◇ 二硫松 (disulfoton) ⑤ 無 ◇ 二氯松 (DDVP) 無 三氯松 (trichlorfon) 酸 ◇ 三落松 (triazophos)

作用目標生理資訊：  神經和肌肉  生長和發育 ▨ 呼吸系統

24 　　　▨ 中腸部位 　　▨ 蛋白質抑制劑 　　 未知或無特定作用位置

作用機制	IRAC	化學分類及有效成分名稱
乙醯膽鹼酯酶抑制 (Acetylcholinesterase inhibitors)	**1B** 高	大利松 (diazinon) ◇ 大滅松 (dimethoate) S 酸 ◇ 巴賽松 (phoxim) 加福松 (isoxathion) 無 ◇ 加護松 (kayaphos) 無 必芬松 (pyridaphenthion) S 無 ◇ 甲基巴拉松 (parathion-methyl) 無 ◇ 白克松 (pyraclofos) 無 ◇ 托福松 (terbufos) S ◇ 佈飛松 (profenofos) 🐝 谷速松 (azinphos-methyl) 酸 無 ◇ 亞芬松 (isofenphos) S 無 ◇ 亞特松 (pirimiphos-methyl) LS ◇ 亞素靈 (monocrotophos) S 亞培松 (temephos) S 穿 上 ◇ 依殺松 (isazofos) S 無 ◇ 芬殺松 (fenthion) ◇ 美文松 (mevinphos) S 無 ◇ 拜裕松 (quinalphos) 🐝 飛達松 (heptenophos) S 無 🐝 益滅松 (phosmet) 酸 ◇ 馬拉松 (malathion) 酸 🐝 硫滅松 (thiometon) S 🐝 陶斯松 (chlorpyrifos) 🐝◇ 普硫松 (prothiofos) 禁 氰乃松 (cyanophos) 無 愛殺松 (ethion) 🐝◇ 滅大松 (methidathion) ◇ 滅加松 (mecarbam) SS 無

殺蟲劑與
殺蟎劑

作用機制	IRAC	化學分類及有效成分名稱
乙醯膽鹼酯酶抑制 (Acetylcholinesterase inhibitors) ▨	1B 高	滅多松 (oxydemeton-methyl) Ⓢ ◇ 滅賜松 (demeton-S-methyl) Ⓢ ◇ 裕必松 (phosalone) ◇ 達馬松 (methamidophos) Ⓢ ◇ 福木松 (formothion) Ⓢ ◇ 福瑞松 (phorate) Ⓢ ◇ 福賜米松 (phosphamidon) Ⓢ ◇ 撲滅松 (fenitrothion) ◇ 毆殺松 (acephate) Ⓢ 酸 ◇ 毆滅松 (omethoate) Ⓢ 無 ◇ 繁米松 (vamidothion) Ⓢ ◇ 賽達松 (phenthoate) ◇ 雙特松 (dicrotophos) Ⓢ 無 ◇
γ- 胺基丁酸氯離子通道拮抗 (GABA-gated chloride channel blockers) ▨	2A	環雙烯有機氯類 (cyclodiene organochlorines) 可氯丹 (chlordane) 未 ◇ 安殺番 (endosulfan) 酸 禁 ◇
	2B 中	苯吡唑類 (phenylpyrazoles) 芬普尼 (fipronil) ⓢⓢ ◇ 益斯普 (ethiprole)
鈉離子通道調節 (Sodium channel modulators) ▨	3A 高	除蟲菊類 (pyrethrins, pyrethroids) 合芬寧 (halfenprox) 無 ◇ 治滅寧 (tetramethrin) 無 ◇ 百滅寧 (permethrin) 酸 ◇ 亞烈寧 (allethrin) ◇ 依芬寧 (etofenprox) ◇ 矽護芬 (silafluofen) 無 ◇ 芬化利 (fenvalerate) ◇

作用目標生理資訊： ▨ 神經和肌肉　▨ 生長和發育　▨ 呼吸系統
　　　　▨ 中腸部位　▨ 蛋白質抑制劑　▨ 未知或無特定作用位置

殺蟲劑與殺蟎劑

作用機制	IRAC	化學分類及有效成分名稱
鈉離子通道調節 (Sodium channel modulators)	3A 高	芬普寧 (fenpropathrin) 阿納寧 (acrinathrin) 泰滅寧 (tralomethrin) 益化利 (esfenvalerate) 除蟲菊精 (pyrethrins) 畢芬寧 (bifenthrin) 第滅寧 (deltamethrin) 福化利 (tau-fluvalinate) 撲滅芬成分之一 (phenothrin) 賽扶寧 (cyfluthrin) 貝他賽扶寧 (beta-cyfluthrin) 賽洛寧 (lambda-cyhalothrin) 伽瑪賽洛寧 (gamma-cyhalothrin) 賽滅寧 (cypermethrin) 亞滅寧 (alpha-cypermethrin) 傑他賽滅寧 (zeta-cypermethrin) 護賽寧 (flucythrinate)
	3B	滴滴涕 (DDT) & 甲氧滴滴涕 (methoxychlor) 滴滴涕 (DDT) 甲氧滴滴涕 (methoxychlor)
尼古丁乙醯膽鹼受器競爭性調節 (Nicotinic acetylcholine receptor (nAChR) competitive modulators)	4A 高	新尼古丁類 (neonicotinoids) 可尼丁 (clothianidin) 亞滅培 (acetamiprid) 益達胺 (imidacloprid) 達特南 (dinotefuran) 賽果培 (thiacloprid) 賽速安 (thiamethoxam) (nitenpyram)

 系統性 選擇系統性  局部系統性 穿層滲透 上下移行

登記資訊 酸鹼值條件 蜜蜂危害 高 抗藥性風險 27

作用機制	IRAC	化學分類及有效成分名稱
尼古丁乙醯膽鹼受器競爭性調節 (Nicotinic acetylcholine receptor (nAChR) competitive modulators) ⬜	4B	尼古丁 (nicotine) 尼古丁 (nicotine) 未
	4C 低	磺醯亞胺 (sulfoximines) 速殺氟 (sulfoxaflor) S ◇
	4D	丁烯羥酸内酯類 (butenolide) (flupyradifurone) S 登 ◇
	4E	中離子 (mesoionics) 氟美派 (triflumezopyrim) S ⬇ 登 ◇
	4F	(pyridylidenes) (flupyrimin) ◇
尼古丁乙醯膽鹼受體異位調節 (Nicotinic acetylcholine receptor allosteric modulators) ⬜	5 中	(spinosyns) 賜諾殺 (spinosad) ⬇ ◇ 賜諾特 (spinetoram) ◇
谷氨酸門控氯離子通道異位調節 (Glutamate-gated chloride channel (GluCl) allosteric modulators) ⬜	6 中	(avermectins, milbemycins) 因滅汀 (emamectin benzoate) ◇ 阿巴汀 (abamectin) LS ⬇ 酸 ◇ 密滅汀 (milbemectin) LS ◇ (lepimectin)
青春激素模擬 (Juvenile hormone mimics) ⬜	7A	青春激素類似物 (juvenile hormone analogues) 美賜平 (methoprene) ◇
	7B 低	芬諾克 (fenoxycarb) ◇

作用目標生理資訊： ⬜ 神經和肌肉　⬜ 生長和發育　⬜ 呼吸系統
⬜ 中腸部位　⬜ 蛋白質抑制劑　⬛ 未知或無特定作用位置

作用機制	IRAC	化學分類及有效成分名稱
青春激素模擬 (Juvenile hormone mimics) ▢	**7C** 低	百利普芬 (pyriproxyfen) ⬇ 🐝
雜類非專一或多重作用部位抑制劑 (Miscellaneous nonspecific (multisite) inhibitors) ▮	**8A**	鹵烷 (alkyl nalides) 溴化甲烷 (methyl bromide) 禁
	8B	氯化苦 (chloropicrin) 禁 🐝
	8C 低	氟化物 (fluorides) 硫醯氟 (sulfuryl fluoride) 未 冰晶石 (cryolite) 未 🐝
	8D	硼酸鹽 (borates) 硼砂 (borax) 未 🐝 硼酸 (boric acid)
	8E	吐酒石 (酒石酸銻鉀) (tartar emetic) 未 🐝
	8F 低	異硫氰酸甲酯產生劑 (methyl isothiocyanate generators) 邁隆 (dazomet) 🐝 斯美地 (metam sodium) 無 🐝
弦音器調節 (Modulators of chordotonal organ) ▢	**9B** 低	吡啶偶氮甲鹼 (pyridine azomethine derivatives) 派滅淨 (pymetrozine) Ⓢ ↕ 鹼 🐝 (pyrifluquinazon) 未
	9D	丙烯 (Pyropenes) 阿扶平 (afidopyropen) 🐝
蟎類生長抑制 (Mite growth inhibitors) ▢	**10A** 低	合賽多 (hexythiazox) 🐝 克芬蟎 (clofentezine) 🐝 (diflovidazin) 未 🐝

作用機制	IRAC	化學分類及有效成分名稱
蟎類生長抑制 (Mite growth inhibitors) ▢	**10B** 低	依殺蟎 (etoxazole) ⬇ 🐛
破壞昆蟲中腸膜之微生物 (Microbial disruptors of insect midgut membranes) ▢	**11A** 低	**蘇力菌 (*Bacillus thuringensis*)** 庫斯蘇力菌 (*Bt.* subsp. *kurstaki*) 酸 🐛 鮎澤蘇力菌 (*Bt.* subsp. *aizawai*) 酸 🐛 擬步蟲亞種蘇力菌 (*Bt.* subsp. *tenebrionis*) 未 🐛
	11B	**球型桿菌 (*Bacillus sphaericus*)** 球型芽孢桿菌 (*Bacillus sphaericus*) 未 🐛
粒線體 ATP 合成酶抑制劑 (Inhibitors of mitochondrial ATP synthase) ▢	**12A**	汰芬隆 (diafenthiuron) 🐛
	12B	**有機錫類殺蟎劑 (organotin miticide)** 亞環錫 (azocyclotin) 禁 芬佈賜 (fenbutatin oxide) 🐛 錫蟎丹 (cyhexatin) 禁 🐛
	12C	毆蟎多 (propargite) 酸 🐛
	12D	得脫蟎 (tetradifon) 禁 🐛
干擾質子梯度分解氧化磷酸化反應 (Uncouplers of oxidative phosphorylation via disruption of proton gradient) ▢	**13**	克凡派 (chlorfenapyr) LS ⬇ 🐛 二硝基磷甲酚 (DNOC) (sulfluramid) 未 🐛

作用目標生理資訊： ▢ 神經和肌肉 ▢ 生長和發育 ▢ 呼吸系統
▢ 中腸部位 ▢ 蛋白質抑制劑 ▢ 未知或無特定作用位置

作用機制	IRAC	化學分類及有效成分名稱
尼古丁乙醯膽鹼受體通道阻斷 (Nicotinic acetylcholine receptor channel blockers)	14	沙蠶毒素類似物 (nereistoxin analogues) 免速達 (bensultap) 培丹 (cartap) **S** 酸 硫賜安 (thiocyclam hydrogen oxalate) **SS** (thiosultap sodium) 未
幾丁質合成抑制（第 0 類）(Inhibitors of chitin biosynthesis, type 0)	15 低	苯甲醯尿素類 (benzoylureas) 二福隆 (diflubenzuron) 克福隆 (chlorfluazuron) 氟芬隆 (flufenoxuron) 得福隆 (teflubenzuron) **S** 祿芬隆 (lufenuron) 諾伐隆 (novaluron)
幾丁質合成抑制（第 1 類）(Inhibitors of chitin biosynthesis, type 1)	16 低	布芬淨 (buprofezin)
雙翅類脫皮干擾 (Moulting disruptor, Dipteran)	17 低	賽滅淨 (cyromazine) **S**
脫皮激素結合 (Ecdysone agonists)	18 中	二醯基聯氨類 (diacylhydrazines) 可芬諾 (chromafenozide) 得芬諾 (tebufenozide) 滅芬諾 (methoxyfenozide) (halofenozide) 未

 系統性　 選擇系統性　 局部系統性　 穿層滲透　上下移行

混未登禁 登記資訊　酸鹼 酸鹼值條件　 蜜蜂危害　高 抗藥性風險　31

作用機制	IRAC	化學分類及有效成分名稱
章魚胺受體結合 (Octopaminergic agonists) ■	19	三亞蟎 (amitraz) 酸
粒線體複合物 III 電子傳遞抑制 (Mitochondrial complex III electron transport inhibitors) ■	20A	愛美松 (hydramethylnon) 未 ◇
	20B 低	亞醌蟎 (acequinocyl) ◇
	20C	(fluacrypyrim) 未
	20D	必芬蟎 (bifenazate) ◇
粒線體複合物 I 電子傳遞抑制 (Mitochondrial complex I electron transport inhibitors) ■	21A 低	抑制粒線體電子傳遞殺蟎劑 (METI acaricides) 芬殺蟎 (fenazaquin) ◇ 芬普蟎 (fenpyroximate) ◇ 得芬瑞 (tebufenpyrad) 畢汰芬 (pyrimidifen) 畢達本 (pyridaben) ◇ 脫芬瑞 (tolfenpyrad) ◇
	21B	魚藤精 (rotenone) ◇
神經傳導電壓相關鈉離子通道阻斷 (Voltage-dependent sodium channel blockers) ■	22A 中	因得克 (indoxacarb) ◇
	22B 低	美氟綜 (metaflumizone) ◇
乙醯輔酶 A 羧化酶脂肪合成抑制 (Inhibitors of acetyl CoA carboxylases) ■	23 低	特窩酸及帖唑咪酸衍生物 (tetronic acid and tetramic acid derivatives) (spidoxamat) S 賜派芬 (spirodiclofen) ◇ 賜滅芬 (spiromesifen) LS ◇

作用目標生理資訊： ■ 神經和肌肉　■ 生長和發育　■ 呼吸系統
■ 中腸部位　■ 蛋白質抑制劑　■ 未知或無特定作用位置

作用機制	IRAC	化學分類及有效成分名稱
乙醯輔酶 A 羧化酶脂肪合成抑制 (Inhibitors of acetyl CoA carboxylases) ▢	23 低	賜派地酸 (spiropidion) 賜派滅 (spirotetramat) Ⓢ ➍ ❶ ◇
粒腺體複合物 IV 電子傳遞抑制 (Mitochondrial complex IV electron transport inhibitors) ▢	24A 中	磷化氫類 (phosphine) 磷化鋁 (aluminium phosphide) ◇ 磷化鈣 (calcium phosphide) ◇ 磷化鋅 (zinc phosphide) 磷化氫 (Phosphine) ◇
	24B	氰化物 (cyanides) 氰化鹽 (cyanide salts) 未
粒腺體複合物 II 電子傳遞抑制 (Mitochondrial complex II electron transport inhibitors) ▢	25A 低	貝他酮腈衍生物 (beta-ketonitrile derivatives) 賽芬蟎 (cyflumetofen) ◇ 賽派芬 (cyenopyrafen)
	25B	苯胺基甲醯類 (carboxanilide) (pyflubumide) 未
魚尼丁受器調節 (Ryanodine receptor modulators) ▢	28 中	二醯胺類 (diamides) 剋安勃 (chlorantraniliprole) ⓈⓈ ➍ ◇ 賽安勃 (cyantraniliprole) ◇ 氟大滅 (flubendiamide) Ⓛ Ⓢ ◇ (cyclaniliprole) 未 ◇ 特安勃 (tetraniliprole) Ⓢ 登 ◇
弦音器鹼醯胺酶抑制劑 (Chordotonalorgan nicotinamidase inhibitors) ▢	29 低	氟尼胺 (flonicamid) Ⓢ ➍ ◇

 Ⓢ 系統性　 ⓈⓈ 選擇系統性　ⓁⓈ 局部系統性　➍ 穿層滲透　❶ 上下移行
 無 混 未 登 禁 登記資訊　酸 鹼 酸鹼值條件　◇ 蜜蜂危害　高 抗藥性風險

作用機制	IRAC	化學分類及有效成分名稱
γ - 胺基丁酸門控氯離子通道異位調節劑 (GABA-gated chloride channel allosteric modulaors) ▢	30	**(Meta-diamides & Isoxazolines)** (broflanilide) 未 ◇ (fluxamitamide) 未 (isocycloseram) 登
桿狀病毒 (Baculoviruses) ▢	31	**顆粒體病毒 & 核多角體病毒 (Granuloviruses(GVs) & Nucleopolyhedroviruses(NPVs))** 甜菜夜蛾核多角體病毒 (*spodoptera exigua* NPV)
菸鹼型乙醯膽鹼受體立體異位調節劑第二位點 (Nicotinic acetylcholine receptor(nAChR) allosteric modulators site II) ▢	32	**(GS-omega/kappa HXTX-Hv1a peptide)** 未登記藥劑
鈣活化的鉀通道 (KCa2) 調製器 (Calcium-activated potassium channel (KCa2) modulators) ▢	33	**(Acynonapyr)** 未登記藥劑

作用目標生理資訊：　▢ 神經和肌肉　▢ 生長和發育　▢ 呼吸系統
　　　　　　　　　▢ 中腸部位　▢ 蛋白質抑制劑　▢ 未知或無特定作用位置

作用機制	IRAC	化學分類及有效成分名稱
線粒體複雜的 III 電子運輸抑製劑 (Qi 端) (Mitochondrial complex III electron transport inhibitors – Qi site)	34	**(Flometoquin)** 未登記藥劑
RNA 干擾導致標的基因被抑制 (RNA Interference mediated target suppressors)	35 低	**(Ledprona)** 未登記藥劑
弦音器調節劑 (未定義的標的位點) (Chordotonal organ modulators undefined target site)	36	嗒呋吡唑甲醯胺類 (Pyridazine pyrazolecarboxamides) (dimpropyridaz) 未 ◇
未知作用機制或尚未確定種類 (Compounds with unknown or uncertain mode of action)	UN 低	印楝素 (azadirachtin) S 酸 ◇ 西脫蟎 (benzoximate) 蟎離丹 (chinomethionat) ◇ 大克蟎 (dicofol) 酸 ◇ 新殺蟎 (bromopropylate) 可濕性硫黃 (sulfur) ◇ 鋅錳乃浦 (maconzeb) 未 ◇ 石灰硫黃 (lime sulfur) 鹼 ◇ 百里酚 (thymol) ◇

殺蟲劑與殺蟎劑

S 系統性　　SS 選擇系統性　　LS 局部系統性　　穿層滲透　　上下移行
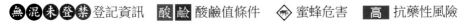
無 混 未 登 禁 登記資訊　酸 鹼 酸鹼值條件　◇ 蜜蜂危害　高 抗藥性風險

作用機制	IRAC	化學分類及有效成分名稱
未知作用機制或尚未確定種類 (Compounds with unknown or uncertain mode of action) ▦	UNB	非 Bt 類細菌製劑 (bacterial agents (non-Bt)) 沃爾巴克氏菌 (*Wolbachia pipientis* (Zap)) 未 伯克氏菌屬 (*Burkholderia* spp) 未
	UNE	植物精油包含合成、萃取及未精煉油 (botanical essence including synthetic, extracts and unrefined oils) 苦楝油 (neem oil) 免登 〈〉 甘油或丙二醇脂肪酸單酯 (fatty acid monoesters with glycerol or propanediol) 免登 土荊芥萃取物 (*chenopodium ambrosioides near ambrosioides* extract) 免登 肉桂油（肉桂醛）(cinnamon oil (cinnamic aldehyde)) 免登
	UNF	真菌類製劑 (fungal agents) 白殭菌 (*Beauveria bassiana* strains) 登 〈〉 黑殭菌 (*Metarhizium anisopliae*) 登 〈〉 玫煙色擬青黴菌 (*Paecilomyces fumosoroseus*) 未
非專一作用機制干擾物及物理破壞 (Non-specific mechanical disruptors and physical disruptors) ▦	UNM	矽藻土 (diatomaceous earth) 免登 〈〉 礦物油 (mineral oil)

作用目標生理資訊： ▦ 神經和肌肉　▦ 生長和發育　▦ 呼吸系統
 中腸部位　 蛋白質抑制劑　▦ 未知或無特定作用位置

作用機制	IRAC	化學分類及有效成分名稱
胜肽 (Peptides) ▓	UNP	未登記藥劑
病毒劑 (非桿狀病毒) (Viral agents (non baculovirus)) ▓	UNV	未登記藥劑

資料來源：Insecticide Resistance Action Committee (IRAC) 2024 Edition 11.1、The Pesticide Manual、The Pesticide Encyclopedia、動植物防疫檢疫署農藥資訊網、Pesticide Properties Database。

作用目標生理資訊：

▋**神經和肌肉**：指殺蟲劑作用的部位在昆蟲或蟎類的神經或肌肉組織，神經系統包括中樞及週圍神經系統，這類藥劑的作用速度通常較為快速。

▋**生長和發育**：指殺蟲劑作用在昆蟲或蟎類的生長及發育的過程，通常針對幼蟲或若蟲有效，反應時間需經歷一個齡期，這類藥劑的作用速度通常稍慢或慢速。

▋**呼吸**：指殺蟲劑作用在昆蟲或蟎類的呼吸系統，此類藥劑的作用速度通常稍快或快速，但速度低於中樞神經系統。

▋**中腸**：指殺蟲劑作用在昆蟲的中腸標的部位，目前僅國內蘇力菌屬之，此類藥劑作用速度約需 48 小時。

▋**蛋白質抑制劑**：指殺蟲劑作用的部位導致蛋白質表現受到抑制，目前為屬於 IRAC35 類的 RNA 干擾導致標的基因被抑制。是目前新穎殺蟲劑作用機制。

▋**未知或無特定作用位置**：指殺蟲劑作用的部位種類繁雜，並無法明確歸類其作用機制。有些是作用機制尚不明瞭，有些則是有多個作用部位。針對多作用部位的殺蟲機制，因屬全面性的防禦，害蟲較不易對其產生抗藥性。

殺蟲劑與 殺蟎劑

抗藥性風險資訊：

高：在現有的文獻顯示，殺蟲劑已有 500 種以上產生抗藥性的案例紀錄者，屬於高度抗藥風險性的殺蟲劑。

中：在現有的文獻顯示，殺蟲劑已有 100-500 種產生抗藥性的案例紀錄者，屬於中度風險的抗藥性。

低：在現有的文獻顯示，殺蟲劑產生抗藥性案例紀錄少於 100 種，屬於低度風險的抗藥性。

代碼：

Ⓢ 系統性農藥：植物局部施用藥劑後，藥劑移行到其它植物組織。絕大部分指透過水的運送由下往上輸導。

SS 選擇系統性農藥：系統性僅出現在特定植物上，如單子葉或雙子葉植物；或出現在施用的不同部位，如在根部施用時，可擴散到葉；但在葉部施用時，不到葉脈，不含到莖，只呈現局部系統性效果。反之亦然。使用上需注意。

LS 局部系統性農藥：又可指跨薄壁組織的作用。藥劑噴灑到植物的組織後，能短距離移動到周圍組織，局部滲透到根或局部滲透到一片葉子的葉組統、或透過葉組織的木質部到小枝條。

穿層滲透：又可指跨薄壁組織的作用，特指施用到葉上表皮可滲透到下表皮。

上下移行：系統性農藥中，可透過韌皮部的運送由上往下輸導，不過，一般具雙向傳導功能農藥而言，以根部往上輸送的能力會超過往下移行的能力。

酸 當農藥有效成分稀釋在水中時，藥液在酸鹼值為弱酸（酸鹼值為 5 到 6.5）時較為安定，在鹼性環境中（酸鹼值大於 7.5 以上），短時間（如數小時）即會造成有效成分降解。

鹼 農藥有效成分在酸鹼值為弱鹼（酸鹼值為 8 到 9）時較為安定，不適合和酸性藥劑混合使用，混合後可能會產生化學變化或降解。

無 **無有效登記證**：表示此有效成份藥劑曾於國內進行農藥的登記，但目前無有效的登記證號。

混 僅存在於混合劑之有效成分，但無單劑的有效許可證。

禁 **禁用農藥**：表示此有效成份藥劑為國內禁止使用、販售或輸入，違反者處以農藥管理法最高罰則。

未 **未登記農藥**：表示此有效成份藥劑未於國內登記，但國外有作為農藥使用之案例。

登 **登記中**：目前農藥廠商申請登計中，還在各級單位審查中。

免登：免登農藥，表示此有效成份藥劑屬於公告之免登記農藥，要申請登記植物保護資材進行低度管理。

殺蟲劑與殺蟎劑

殺菌劑 (Fungicides) 作用機制分類

作用機制	標的部位	FRAC	化學分類及有效成分名稱
A-核酸合成 (Nucleic acids synthesis) assembly in mitosis	A1-RNA 聚合酶 I (RNA polymerase I)	4 高	**醯基丙胺酸類 (acylalanines)** 滅達樂 (metalaxyl) Ⓢ Ⓟ Ⓒ 右滅達樂 (metalaxyl-M) Ⓢ Ⓟ Ⓒ 本達樂 (benalaxyl) Ⓢ Ⓟ Ⓒ Ⓔ 右本達樂 (benalaxyl-M) Ⓢ Ⓟ Ⓒ Ⓔ **噁唑烷酮類 (oxazolidinones)** 毆殺斯 (oxadixyl) Ⓢ Ⓟ Ⓒ 無 **丁内酯類 (butyrolactones)** (ofurace) 未
	A2-腺嘌呤去氨酶 (Adenosin-deaminase)	8 中	**羥基-2-胺基嘧啶類 (hydroxy-2-amino-pyrimidines)** 布瑞莫 (bupirimate) Ⓢ Ⓟ Ⓒ 依瑞莫 (ethirimol) Ⓢ Ⓟ Ⓒ
	A3-核酸合成 (DNA/RNA synthesis (proposed))	32 中	**異噁唑類 (isoxazoles)** 殺紋寧 (hymexazol) Ⓢ **異噻唑啉酮類 (isothiazolones)** (octhilinone) 未
	A4-拓樸異構酶 (DNA topoisomerase type II (gyrase))	31 中	**羧酸類 (carboxylic acids)** 歐索林酸 (oxolinic acid) Ⓢ Ⓟ Ⓒ

Ⓢ 系統性　　SS 選擇系統性　　LS 局部系統性　　高 抗藥性風險

  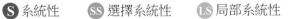 

穿層滲透　　上下移行　　酸 鹼 酸鹼值條件　　登 登記中

殺菌劑

作用機制	標的部位	FRAC	化學分類及有效成分名稱
A-核酸合成 (Nucleic acids synthesis) assembly in mitosis	A5-抑制一種新的嘧啶生合成中二氫乳清酸去氫酶 (Inhibition of dihydroorotate dehydrogenase within de novo pyrimidine biosynthesis)	**52** 中高	**苯丙醇 (phenyl-propanol)** 未登記藥劑
B-有絲分裂及細胞分裂 (Mitosis and cell division)	B1-有絲分裂微管蛋白聚合 (β-tubulin assembly in mitosis)	**1** 高	**苯併咪唑類 (benzimidazoles)** 免賴得 (benomyl) Ⓢ Ⓟ Ⓔ 酸 貝芬替 (carbendazim) Ⓢ Ⓟ Ⓒ 腐絕 (thiabendazole) Ⓢ Ⓟ Ⓒ (fubericazole) 未 **硫脲甲酸類 (thiophanates)** 甲基多保淨 (thiophanate methyl) Ⓢ Ⓟ Ⓒ 多保淨 (thiophanate) Ⓢ Ⓟ Ⓒ
	B2-有絲分裂微管蛋白聚合(β-tubulin assembly in mitosis)	**10** 高	**N-苯基胺基甲酸鹽類 (N-phenylcarbamates)** 未登記藥劑
	B3-有絲分裂微管蛋白聚合(β-tubulin assembly in mitosis)	**22** 中低	**甲苯酰胺類 (toluamides)** 座賽胺 (zoxamide) Ⓟ ⬣ **乙胺基噻唑羧酰胺類 (ethylamino thiazole carboxamide)** 未登記藥劑

 Ⓟ 保護性　　Ⓒ 治療性　　Ⓔ 除滅性　　◈ 蜜蜂危害

⬣ 無有效登記證　　混 僅存於混合劑　　未 未登記　　禁 禁用

41

作用機制	標的部位	FRAC	化學分類及有效成分名稱
B-有絲分裂及細胞分裂 (Mitosis and cell division)	B4-細胞分裂 (Cell division (unknown-site))	**20** 低	**苯基脲類 (phenylureas)** 賓克隆 (pencycuron) P
	B5-類血影蛋白之非定域化 (Delocalisation of spectrin-like proteins)	**43** 中	**吡啶甲基苯醯胺類 (pyridinylmethylbenzamides)** 氟比來 (fluopicolide) S P (fluopimomide)
	B6-肌動蛋白/肌球蛋白/絲束蛋白等功能 (Actin/myosin/fimbrin function)	**50**	**二苯甲酯類 (benzophenone)** 滅芬農 (metrafenone) P C **苯基酮啶 (benzoyl pyridine)** 派芬農 (pyriofenone) P C
	B7-微管蛋白動力調節劑 (Tubulin dynamics modulator)	**53** 高	**嗒呷類 (pyridazine)** 未登記藥劑
C-呼吸作用 (Respiration)	C1-粒線體電子傳遞複合物 I NADH 氧還酶 (Complex I NADH oxidoreductase)	**39** 低	**胺基嘧啶類 (pyrimidinamines)** 二氟林 (diflumetorim) P **吡唑-5-甲醯胺類 (pyrazole-5-carboxamides)** 脫芬瑞 (tolfenpyrad) 登記於殺蟲劑 IRAC 21A **喹唑啉 (quinazoline)** 芬殺蟎 (fenazaquin) 登記於殺蟲劑 IRAC 21A

作用機制	標的部位	FRAC	化學分類及有效成分名稱
C-呼吸作用 (Respiration)	C2-粒線體電子傳遞複合物 II 琥珀酸脫氫酶 (Complex II : succinate-dehydrogen-ase)	7 中高	苯基苯醯胺類 (phenylbenzamides) (bendanil) 未 福多寧 (flutolanil) S P C 滅普寧 (mepronil) S P C 苯氧乙基噻吩胺類 (phenyloxoethyl thiophene amide) 未登記藥劑 吡啶乙基苯醯胺類 (pyridinylethylbenzamides) 氟派瑞 (fluopyram) LS P C 呋喃羧醯胺類 (furancarboxamides) 未登記藥劑 氧硫環醯胺類 (oxathiincarboxamides) 嘉保信 (oxycarboxin) S C 硫氮環胺類 (thiazolecarboxamides) 賽氟滅 (thifluzamide) S 吡唑醯胺類 (pyrazole-4-carboxamides) 亞派占 (isopyrazam) P C 福拉比 (furametpyr) S P C 氟克殺 (fluxapyroxad) LS P C 平氟芬 (penflufen) 平硫瑞 (penthiopyrad) P C

殺菌劑

P 保護性　　C 治療性　　E 除滅性　　◇ 蜜蜂危害

無 無有效登記證　　混 僅存於混合劑　　未 未登記　　禁 禁用

作用機制	標的部位	FRAC	化學分類及有效成分名稱
C-呼吸作用 (Respiration)	C2-粒線體電子傳遞複合物 II 琥珀酸脫氫酶 (Complex II : succinate-dehydrogen-ase	**7** 中高	甲氧基（苯乙醯）吡唑醯胺類 (N-methoxy-(phenylethyl)-pyrazole carboxamides) 派滅芬 (pydiflumetofen) P C 吡啶醯胺類 (pyridinecarboxamides) 白克列 (boscalid) LS P
	C3-粒線體電子傳遞複合物 III 細胞色素 bc1 (Qo) (Complex III: cytochrome *bc1* (ubiquinol oxidase) at Qo site (*cyt b* gene))	**11** 高	甲氧基丙烯酯類 (methoxyacrylates) 亞托敏 (azoxystrobin) S P C E ⬍ (picoxystrobin) S P C 登 甲氧基乙醯胺類 (methoxyacetamide) 未登記藥劑 甲氧基胺基甲酸酯類 (methoxycarbamates) 百克敏 (pyraclostrobin) LS P C ⬍ ⬍⬍ 肟乙酸酯類 (oximino acetates) 三氟敏 (trifloxystrobin) LS P C ⬍ 克收欣 (kresoxim-methyl) S P C E ⬍ 肟乙醯胺類 (oximino-acetamides) 未登記藥劑 噁唑烷二酮類 (oxazolidine diones) 凡殺同 (famoxadone) P

 S 系統性　 SS 選擇系統性　 LS 局部系統性　高 抗藥性風險

  ⬍ 穿層滲透　 ⬍⬍ 上下移行　酸 鹼 酸鹼值條件　 登 登記中

作用機制	標的部位	FRAC	化學分類及有效成分名稱
C-呼吸作用 (Respiration)	C3-粒線體電子傳遞複合物 III 細胞色素 bc1 (Qo) (Complex III: cytochrome *bc1* (ubiquinol oxidase) at Qo site (*cyt b* gene)	**11** 高	**二氫二惡嗪類 (dihydro dioxazines)** 未登記藥劑 **咪唑啉酮類 (imidazolinones)** 未登記藥劑 **苯甲基胺基甲酸鹽類 (benzyl carbamates)** 派本克 (pyribencarb) P C
	QoI-fungicides (Quinone outside Inhibitors; Subgroup A)	**11A** 高	**四唑啉酮 (tetrazolinones)** 未登記藥劑
	C4-粒線體電子傳遞複合物 III 細胞色素 bc1 (Qi) (Complex III: cytochrome *bc1* (ubiquinone reductase at Qi site))	**21** 中高	**氰咪唑類 (cyanoimidazole)** 賽座滅 (cyazofamid) LS P C **鄰磺醯胺三唑類 (sulfamoyltriazole)** 安美速 (amisulbrom)
	C5-氧化磷酸化之不偶合 (Uncouplers of oxidative phosphorylation))	**29** 低	**二硝基酚丁烯酯類 (dinitrophenyl crotonates)** 白粉克 (meptyl dinocap) P C 百蟎克 (binapacryl) **二硝基苯胺類 (2,6-dinitroanilines)** 扶吉胺 (fluazinam) LS P C

殺菌劑

作用機制	標的部位	FRAC	化學分類及有效成分名稱
C-呼吸作用 (Respira-tion)	C6-氧化磷酸化抑制，抑制ATP 合成酶 (Inhibitors of oxidative phosphoryla-tion, ATP synthase)	**30** 中低	**三苯錫類 (triphenyl tin compounds)** 三苯醋錫 (fentin acetate) 禁 三苯基氯化錫 (fentin chloride) 禁 三苯羥錫 (fentin hydroxide) 禁
	C7-ATP 生成 (ATP production (proposed))	**38** 低	**噻吩醯胺類 (thiophenecarboxamides)** 未登記藥劑
	C8-粒線體電子傳遞複合物 III 細胞色素 bc1 (Qo) (Complex III: cytochrome bc1 (ubiquinone reductase) at Qo site, stigmatellin binding sub-site	**45** 中高	**三唑嘧啶類 (triazolo-pyrimidylamine)** 滅脫定 (ametoctradin) P 無 混
D-胺基酸及蛋白質合成 (Amino acids and protein synthesis)	D1-蛋胺酸合成 (Methionine biosynthesis (proposed) (*cgs* gene))	**9** 中	**苯胺嘧啶類 (anilinopyrimidines)** 派美尼 (pyrimethanil) LS P C 滅派林 (mepanipyrim) P 賽普洛 (cyprodinil) S P C
	D2-蛋白質合成 (Protein synthesis)	**23** 中低	**吡喃醛酸類抗生素 (enopyranuronic acid antibiotic)** 保米黴素 (blasticidin-S) C

 S 系統性　　 SS 選擇系統性　　LS 局部系統性　　高 抗藥性風險

 穿層滲透　　上下移行　　酸 鹼 酸鹼值條件　　登 登記中

作用機制	標的部位	FRAC	化學分類及有效成分名稱
D-胺基酸及蛋白質合成 (Amino acids and protein synthesis)	D3-蛋白質合成 (Protein synthesis)	24 中	**吡喃六碳醣類抗生素 (hexopyranosyl antibiotic)** 嘉賜黴素 (kasugamycin) Ⓢ Ⓟ Ⓒ
	D4-蛋白質合成 (Protein synthesis)	25 高	**吡喃葡醣類抗生素 (glucopyranosyl antibiotic)** 鏈黴素 (streptomycin) Ⓢ
	D5-蛋白質合成 (Protein synthesis)	41 高	**四環素類抗生素 (tetracycline antibiotic)** 土黴素 (oxytetracycline) 無 混
E-訊息傳遞 (Signal transduction)	E1-機制未知 (Mechanism unknown)	13 中	**酚氧基喹啉類 (ayloxyquinolines)** 快諾芬 (quinoxyfen) Ⓢ Ⓟ **喹唑啉類 (quinazolinones)** 普快淨 (proquinazid) ⓁⓈ Ⓟ Ⓒ
	E2-滲透調節訊息傳遞 (MAP/ Histidine-Kinase in osmotic signal transduction (*os-2, HOG1*))	12 中低	**苯吡咯類 (phenylpyrroles)** 護汰寧 (fludioxonil)
	E3-滲透調節訊息傳遞 (MAP/ Histidine-Kinase in osmotic signal transduction (*os-1, Daf1*))	2 中高	**二甲醯亞胺類 (dicarboximides)** 克氯得 (chlozolinate) Ⓢ Ⓟ Ⓒ 無 免克寧 (vinclozolin) Ⓟ 無 依普同 (iprodione) Ⓟ Ⓔ ⬍ ⑪ 撲滅寧 (procymidone) Ⓢ Ⓟ Ⓒ

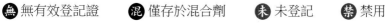

Ⓟ 保護性　　Ⓒ 治療性　　Ⓔ 除滅性　　◇ 蜜蜂危害
無 無有效登記證　　混 僅存於混合劑　　未 未登記　　禁 禁用

作用機制	標的部位	FRAC	化學分類及有效成分名稱
F-脂肪合成及膜完整性 (Lipids synthesis and membrane integrity)	F1		**以前的二甲醯亞胺 (dicarboximides)**
	F2-磷脂合成-甲基轉移酶 (Phospholipid biosynthesis, methyltransferase)	**6** 中低	**硫代磷酸酯類 (phosphorothiolates)** 丙基喜樂松 (iprobenfos) S P C 白粉松 (pyrazophos) S P C 護粒松 (edifenphos) P C **二硫戊環類 (dithiolanes)** 亞賜圃 (isoprothiolane) S P C
	F3-細胞過氧化作用 (Cell peroxidation (proposed))	**14** 中低	**芳香烴類 (aromatic hydrocarbons)** 大克爛 (dicloran) P 五氯硝苯 (quintozene (PCNB)) 禁 脫克松 (tolclofos-methyl) P C (biphenyl) 未 二氯甲氧苯 (chloroneb) 未 (tenazene (TCNB)) 未 **噻二唑類 (1,2,4-thiadiazoles)** 依得利 (etridiazole) P C
	F4-脂肪酸之細胞膜通透性 (Cell membrane permeability, fatty acids (proposed))	**28** 中低	**胺基甲酸鹽類 (carbamates)** 普拔克 (propamocarb hydrochloride) S P
	F5		**以前的 CAA 殺菌劑 (CAA-fungicides)**

S 系統性　　SS 選擇系統性　　LS 局部系統性　　高 抗藥性風險

穿層滲透　　上下移行　　酸 鹼 酸鹼值條件　　登 登記中

48

作用機制	標的部位	FRAC	化學分類及有效成分名稱
F-脂肪合成及膜完整性 (Lipids synthesis and membrane integrity)	F6-干擾病原菌細胞膜 (Microbial disrupters of pathogen cell membranes)	**44** 低	**以前的殺菌胜肽之枯草桿菌 (FRAC 代碼 44)，2020 年重新分類為 BM02**
	F7-細胞膜干擾 (Cell membrane disruption)	**46** 低	**以前的 FRAC 46，2021 年重新分類為 BM01**
	F8-結合麥角固醇：(ergosterol binding)	**48**	**多烯類 (polyene)** 納他黴素 (natamycin (pimaricin)) 未
	F9-脂質穩態和轉移/存儲 (lipid homeostasis and transfer/ storage)	**49** 中高	歐西比 (oxathiapiprolin) S P
	F10-與細胞膜脂質部分的相互作用，對細胞膜完整性有多種影響 (Interaction with lipid fraction of the cell membrane, with multiple effects on cell membrane integrity)	**51**	**多肽類 (polypeptide)** (polypeptide) (ASFBIOF01-02)

殺菌劑

 P 保護性　　 C 治療性　　 E 除滅性　　 蜜蜂危害

 無有效登記證　　混 僅存於混合劑　　未 未登記　　禁 禁用

49

作用機制	標的部位	FRAC	化學分類及有效成分名稱
G-膜的固醇合成 (Sterol biosynthesis in membranes)	G1-固醇合成之C14 去甲基酶(C14-demethylase in sterol biosynthesis (*erg11/cyp51*))	3 中	**哌嗪類 (piperazines)** 賽福寧 (triforine) Ⓢ Ⓟ Ⓒ Ⓔ **吡啶類 (pyridines)** 比芬諾 (pyrifenox) Ⓢ Ⓟ Ⓒ **嘧啶類 (pyrimidines)** 尼瑞莫 (nuarimol) Ⓢ Ⓟ Ⓒ ⊖ 芬瑞莫 (fenarimol) Ⓢ Ⓟ Ⓒ **咪唑類 (imidazoles)** 依滅列 (imazalil) Ⓢ Ⓟ Ⓒ 披扶座 (pefurazoate) Ⓢ Ⓟ Ⓒ ⊖ 撲克拉 (prochloraz) Ⓟ Ⓔ 賽福座 (triflumizole) Ⓢ Ⓟ Ⓒ ◇ **三唑類 (triazoles)** 三泰芬 (triadimefon) Ⓢ Ⓟ Ⓒ Ⓔ 三泰隆 (triadimenol) Ⓢ Ⓟ Ⓒ Ⓔ 比多農 (bitertanol) Ⓢ Ⓟ Ⓒ 四克利 (tetraconazole) Ⓢ Ⓟ Ⓒ Ⓔ 平克座 (penconazole) Ⓢ Ⓟ Ⓒ 依普座 (epoxiconazole) Ⓟ Ⓒ 易胺座 (imibenconazole) Ⓢ Ⓟ Ⓒ 芬克座 (fenbuconazole) Ⓢ Ⓟ ⊖ 待克利 (difenoconazole) Ⓢ Ⓟ Ⓒ 得克利 (tebuconazole) Ⓢ Ⓟ Ⓒ Ⓔ 普克利 (propiconazole) Ⓢ Ⓟ Ⓒ 菲克利 (hexaconazole) Ⓢ Ⓟ Ⓒ 滅特座 (metconazole) Ⓛⓢ 溴克座 (bromuconazole) Ⓢ Ⓟ Ⓒ 達克利 (diniconazole-M) Ⓢ Ⓟ Ⓒ

 系統性　 選擇系統性　 局部系統性　高 抗藥性風險

  穿層滲透　 上下移行　酸 鹼 酸鹼值條件　登 登記中

作用機制	標的部位	FRAC	化學分類及有效成分名稱
G-膜的固醇合成 (Sterol biosynthesis in membranes)	G1-固醇合成之C14 去甲基酶 (C14-demethylase in sterol biosynthesis (*erg11/cyp51*))	**3** 中	環克座 (cyproconazole) S P C E 邁克尼 (myclobutanil) S P C E 護汰芬 (flutriafol) S P E 護矽得 (flusilazole) S P C **(triazolinthiones)** (prothioconazole) 未
	G2-固醇合成之△^{14}－還原酶及 △^{8}→△^{7}異構酶 (△^{14}-reductase and △^{8}→△^{7} isomerase in sterol biosynthesis (*erg24, erg2*))	**5** 中	**嗎啉類 (morpholines)** 三得芬 (tridemorph) S E 芬普福 (fenpropimorph) S P C 無 (aldimorph) 未 (dodemorph) 未 **哌啶類 (piperidines)** (fenpropidin) 未 (piperalin) 未 **螺縮銅胺類 (spiroketalamines)** (spiroxamine) 未
	G3-3-酮還原酶，碳4-去甲基作用 (3-keto reductase, C4-demethyla-tion (*erg27*))	**17** 中低	**胺基苯酚類 (hydroxyanilides)** (fenhexamid) 未 **胺基吡唑啉酮類 (aminopyrazolinone)** (fenpyrazamine)

殺菌劑

 P 保護性　　 C 治療性　　 E 除滅性　　 蜜蜂危害

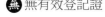 無 無有效登記證　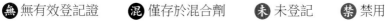 混 僅存於混合劑　 未 未登記　 禁 禁用

作用機制	標的部位	FRAC	化學分類及有效成分名稱
G-膜的固醇合成 (Sterol biosynthesis in membranes)	G4-固醇生合之鯊烯環氧酶 (Squalene-epoxidase in sterol biosynthesis (*erg1*))	**18** 中	**硫代胺基甲酸鹽類 (thiocarbamates)** (pyributicarb) **烯丙胺類 (allylamines)** (naftifine) 醫用 (terbinafine)
H-細胞壁合成 (Cell wall biosynthesis)	H3	**26**	以前是吡喃葡醣類抗生素 (glucopyranosyl antibiotic) (維利黴素)，重新分類至 U18
	H4-幾丁質合成酶 (Chitin synthase)	**19** 中	**肽醯嘧啶核苷 (peptidyl pyrimidine nucleoside)** 保粒黴素丁 (polyoxorim) 保粒黴素甲 (polyoxins)
	H5-纖維素合成酶 (Cellulose synthase)	**40** 中低	**肉桂醯胺類 (cinnamic acid amides)** 達滅芬 (dimethomorph) (flumorph) 未 (pyrimorph) 未 **纈胺醯胺胺基甲酸類 (valinamide carbamates)** valifenalate benthiavalicarb (iprovalicarb) 未 **苦杏醯胺類 (mandelic acid amides)** 曼普胺 (mandipropamid)

作用機制	標的部位	FRAC	化學分類及有效成分名稱
I-細胞壁的黑色素合成 (Melanin synthesis in cell wall)	I1-黑色素合成之還原酶 (Reductase in melanin biosynthesis)	**16.1** 低	**異苯併呋喃酮類 (isobenzofuranone)** 熱必斯 (phthalide) P **吡咯併喹啉類 (pyrroloquinolinone)** 百快隆 (pyroquilon) S 無 **三唑苯併噻唑類 (triazolobenzothiazole)** 三賽唑 (tricyclazole) S P
	I2-黑色素合成之脫水酶 (Dehydratase in melanin biosynthesis)	**16.2** 中	**環丙醯胺類 (cyclopropanecarboxamide)** 加普胺 (carpropamid) S P 無 **碳醯胺類 (carboxamide)** (diclocymet) 未 **醯胺類 (propionamide)** 芬諾尼 (fenoxanil) S P
	I3-黑色素生合成路徑中之聚酮合成酶 (Polyketide synthase in melanin biosynthesis)	**16.3**	**三氟乙基胺基甲酸鹽類 (trifluoroethylcarbamate)** (tolprocarb) 未
P-誘發寄主植物防禦 (Host plant defense induction)	P01-水楊酸相關 (Salicylate-related)	**P01** 低	**苯併噻二唑類 (benzothiadiazole BTH)** 未登記藥劑

殺菌劑

作用機制	標的部位	FRAC	化學分類及有效成分名稱
P-誘發寄主植物防禦 (Host plant defense induction)	P02-水楊酸相關 (Salicylate-related)	**P02** 低	**苯併異噻唑類 (benzisothiazole)** 撲殺熱 (probenazole)
	P03-水楊酸相關 (Salicylate-related)	**P03** 低	**噻唑醯胺類 (thiadiazolecarboxamide)** 亞汰尼 (isotianil) ⓢ
	P04-多醣誘導劑 (Polysaccharide elicitors)	**P04** 低	**天然物 (natural compound)** 海藻多糖 (aminarin) 免登
	P05-蒽醌誘導劑 (Anthraquinone elicitors)	**P05** 低	**植物萃取物 (plant extract)** 未登記藥劑
	P06-微生物誘導劑 (Microbial elicitors)	**P06** 低	**微生物 (microbial)** 蕈狀芽孢桿菌 (*Bacillus mycoides* AGB01)
	P07-亞磷酸酯類 (Phosphonates)	**P07** 低	**亞磷酸酯類 (phosphonates)** 福賽得 (fosetyl-aluminium) ⓢ P C 酸 亞磷酸 (phosphorous acid) ⓢ
	P08-水楊酸相關 (Salicylate-related)	**P08**	**異噻唑類 (isothiazole)** 未登記藥劑

作用機制	標的部位	FRAC	化學分類及有效成分名稱
Un-未知作用機制 (Unknown mode of action)	未知(Unknow)	27 中低	氰肟乙醯胺類 (cyanoacetamide oxime) 克絕 (cymoxanil)
		34	鄰胺甲醯苯甲酸類 (phthalamic acids) 克枯爛 (tecloftalam) Ⓢ
		35	苯併三嗪類 (benzotriazines) 未登記藥劑
		36	苯磺醯胺類 (benzenesulfonamides) 氟硫滅 (flusulfamide) Ⓛ Ⓟ
		37	噠嗪酮類 (pyridazinones) 達滅淨 (diclomezine) Ⓟ Ⓒ ⬤
		42 低	硫代胺基甲酸鹽類 (thiocarbamates) 滅速克 (methasulfocarb) ⬤
		U06 高	苯乙醯胺類 (phenylacetamides) 賽芬胺 (cyflufenamid) Ⓟ Ⓒ
	細胞膜干擾 (Cell membrane disruption (proposed))	U12 中低	胍類 (guanidines) 多寧 (dodine) Ⓢ Ⓟ Ⓔ
	未知(Unknow)	U13 中	氰基亞甲基噻唑類 (cyanomethylenethiazolidine) 未登記藥劑
		U14 抗性未知（以前歸類C5）	嘧啶酮腙類 (pyrimidinonehydrazones) 富米綜 (ferimzone) Ⓢ Ⓒ

Ⓟ 保護性　　　Ⓒ 治療性　　　Ⓔ 除滅性　　　◇ 蜜蜂危害

⬤ 無有效登記證　　混 僅存於混合劑　　未 未登記　　禁 禁用

55

作用機制	標的部位	FRAC	化學分類及有效成分名稱
Un-未知作用機制 (Unknown mode of action)	複合物III：細胞色素bc1，未知結合位點（Complex III: cytochrome bc1, unknown binding site (proposed)）	**U16** 中	**喹啉基醋酸鹽類 (4-quinolylacetate)** 未登記藥劑
	未知 (Unknow)	**U17** 低	**四唑基肟類 (tetrazoyloxime)** 未登記藥劑
	未知（抑制海藻糖酶）Unknown (Inhibition of trehalase)	**U18**	**吡喃葡醣類抗生素 (glucopyranosyl antibiotic)** 維利黴素 (validamycin A)
未專化(Not specified)	未知 (Unknow)	**NC** 低	礦物油 (mineral oils) 有機油 (organic oils) 無機鹽 (inorganic salts) 生物來源的物質 (material of biological origin)
mc-多重作用部位接觸活性 (Multi-site contact activity)	多重作用部位接觸活性 (Multi-site contact activity)	**M01** 低	**無機銅類 (inorganic copper compounds)** 三元硫酸銅 (tribasic copper sulfate) P 波爾多 (Bordeaux mixture) P 鹼 氧化亞銅 (cuprous oxide) P 鹼

作用機制	標的部位	FRAC	化學分類及有效成分名稱
mc-多重作用部位接觸活性 (Multi-site contact activity)	多重作用部位接觸活性 (Multi-site contact activity)	**M01** 低	氫氧化銅 (copper hydroxide) P 鹼 ◇ 硫酸銅 (copper sulfate) P 鹼性氯氧化銅 (copper oxychloride) P 鹼 **有機銅類 (organic copper compounds)** 快得寧 (oxine-copper)
		M02 低	**無機硫黃類 (inorganic sulfur compounds)** 可濕性硫黃 (sulfur) P 石灰硫黃 (lime sulfur) P 鹼 ◇
		M03 低	**二硫代胺基甲酸鹽類 (dithiocarbamates and relatives)** 甲基鋅乃浦 (propineb) P 免得爛 (metiram complex) P 得恩地 (thiram) P 富爾邦 (ferbam) P 無 鋅錳乃浦 (mancozeb) P 酸 錳乃浦 (maneb) P 益穗成分 (ziram) 無
		M04 低	**鄰苯二甲醯亞胺類 (phthalimides)** 蓋普丹 (captan) P C 酸 四氯丹 (captafol) 禁 福爾培 (folpet) 禁

殺菌劑

 P 保護性　　 C 治療性　　 E 除滅性　　 ◇ 蜜蜂危害

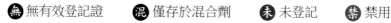 無 無有效登記證　　混 僅存於混合劑　　未 未登記　　禁 禁用

作用機制	標的部位	FRAC	化學分類及有效成分名稱
mc-多重作用部位接觸活性 (Multi-site contact activity)	多重作用部位接觸活性 (Multi-site contact activity)	M05 低	氯腈類 (chloronitriles (phthalonitriles)) 四氯異苯腈 (chlorothalonil) P
		M06 低	硫醯胺類 (sulfamides) 甲基益發靈 (tolylfluanid) P 無 益發靈 (dichlofluanid) P
		M07 低	胍類 (guanidines) 克熱淨 (iminoctadine triacetate) P 克熱淨 (烷苯磺酸鹽) (iminoctadine tris (albesilate)) P
		M08 低	三嗪類 (triazines) 未登記藥劑
		M09 低	蒽醌類 (quinines (anthraquinones)) 腈硫醌 (dithianon) P C
		M10 低	喹噁啉類 (quinoxalines) 蟎離丹 (chinomethionat) P C
		M11 低	順丁烯二酰抱亞胺類 (maleimide) 未登記藥劑
		M12	硫代胺基甲酸鹽類 (thiocarbamates) 滅速克 (methasulfocarb) 無

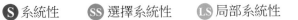

S 系統性　　SS 選擇系統性　　LS 局部系統性　　高 抗藥性風險

穿層滲透　　上下移行　　酸 鹼 酸鹼值條件　　登 登記中

作用機制	標的部位	FRAC	化學分類及有效成分名稱
BM-來自植物或微生物的純化代謝物來源或合成 (Purified metabolites from plant or microbial sources, or synthetic versions of these metabolites)	對離子膜轉運蛋白的多重影響；螯合效應 (Multiple effects on ion membrane transporters; chelating effects)	BM01	植物萃取物 (plant extract) 多肽凝集素 (polypeptide lectin) 　未登記藥劑
	影響真菌孢子和胚芽管，誘導植物防禦 (Affects fungal spores and germ tubes, induced plant defense)		植物萃取物 (plant extract) 酚類 (phenols) 　未登記藥劑
	細胞膜破壞，細胞壁，誘導植物防禦機制 (Cell membrane disruption, cell wall, induced plant defense mechanisms)		植物萃取物 (plant extract) 萜烯類 (terpene) 　茶樹精油 (tea tree extract) 免登 　混合植物油 (plant oils (mixtures) eugenol, geraniol, thymol) 免登

殺菌劑

 P 保護性　　 C 治療性　　 E 除滅性　　◈ 蜜蜂危害

 無 無有效登記證　　混 僅存於混合劑　　未 未登記　　禁 禁用

作用機制	標的部位	FRAC	化學分類及有效成分名稱
BM-來自植物或微生物的純化代謝物來源或合成 (Purified metabolites from plant or microbial sources, or synthetic versions of these metabolites)	下列描述的多種效應（但非一體適用）：競爭、真菌寄生、抗生作用、殺真菌脂肽引起的膜破壞、裂解酶、誘導植物防禦 (Multiple effects described (examples, not all apply to all biological groups): competition, mycoparasitism, antibiosis, membrane disruption by fungicidal lipopeptides, lytic enzymes, induced plant defence)	**BM02**	微生物活體或代謝物或萃取物 **(microbial (living microbes or extract, metabolites)** 木黴菌屬 **(Fungal *Tritroderma* spp.)** 棘孢木黴菌 (*Trichoderma asperellum*) 鏈黴菌屬 **(Bacterial *Streptomyces* spp.)** (*Streptomyces griseovirides*) 黏帚黴菌 **(Fungal Bacterial *Gliocladium* spp)** (*Gliocladium catenulatum*) 芽孢桿菌屬 **(*Bacillus* spp.)** 液化澱粉芽孢桿菌 (*Bacillus amyloliquefaciens*) Strain OST713 枯草桿菌 (*Bacillus subtilis*) Strain Y1336

作用機制	標的部位	FRAC	化學分類及有效成分名稱
BM-來自植物或微生物的純化代謝物來源或合成 (Purified metabolites from plant or microbial sources, or synthetic versions of these metabolites)	抑制 $\beta(1,3)$ 葡聚醣合成酶和幾丁質合成酶以及由此產生的細胞壁生物合成、破壞膜和膜功能、破壞粒線體和破壞氧化過程 (Inhibition of beta(1, 3) glucan synthase and chitin synthase and resulting cell wall biosynthesis, disruption of membranes and membrane function, destruction of mitochondria and disruption of oxidative processes)	**BM03**	天然來源純化或合成的單一成分 (nature-derived or nature-identical single molecules originally derived from plants (or other organisms)) 肉桂醛 (cinnamaldehyde)

殺菌劑

參考資料：Fungicide Resistance Action Committee (FRAC) 2024、The Pesticide Manual、The Pesticide Encyclopedia、動植物防疫檢疫署農藥資訊服務網。

 P 保護性　　 C 治療性　　 E 除滅性　　◇ 蜜蜂危害

 無有效登記證　　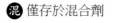 僅存於混合劑　　 未登記　　禁 禁用

抗藥性風險資訊：

高 ：在現有的文獻顯示，殺菌劑的標的病原菌抗藥性容易擴散或嚴重降低效果，在某些地區殺菌劑上市後，病原菌在極短時間內對其產生抗藥性，皆屬於高度抗藥風險性的殺蟲劑。

中高 ：目前僅針對殺菌劑有此等級的分類，此群殺菌劑的抗藥性風險在高及中之間。

中 ：在現有的文獻顯示，殺菌劑僅在部分地區的病原菌會對之產生抗藥性，屬於中度風險的抗藥性。

中低 ：目前僅針對殺菌劑有此等級的分類，此群殺菌劑的抗藥性風險在中及低之間。

低 ：在現有的文獻顯示，殺菌劑上市很多年後才產生抗藥性或抗藥性的發生極少見或局限的案例，屬於低度風險的抗藥性。

代碼：

P 保護性：藥劑在病原菌到達或開始感染前，在植表體面或植體內形成保護障蔽以避免感染發生，有可稱為預防性作用。

C 治療性：藥劑在植物組織中阻止病原菌在組織的早期生長，此類藥劑依藥劑種類不同通常在感染發生後 24 至 72 小時最有效。要注意的是治療性藥劑，在感染之前或感染初期都有效；但一旦到了較後期的感染，此類藥劑即無效果。

E 除滅性：作用方式同治療性藥劑，但可防除已出現病徵 (symptom) 的病原菌感染。

殺菌劑

除草劑 (Herbicides) 作用機制分類

作用機制	HRAC & WSSA*	化學分類及有效成分名稱
抑制乙醯輔酶 A 羧化酶；抑制脂肪酸合成 (Inhibition of acetyl CoA carboxylase (ACCase)) ⬟	1 (A) 高	芳氧苯氧丙酸酯類 (aryloxyphenoxypropionate) 丁基賽伏草 (cyhalofop-butyl) Ⓢ Ⓟ ◨ 甲基合氯氟 (haloxyfop-P-methyl) Ⓢ Ⓟ ◨ 🎋 伏寄普 (fluazifop-P-butyl) Ⓢ Ⓟ 〘 快伏草 (quizalofop-P-ethyl) Ⓢ Ⓟ 〘 普拔草 (propaquizafop) Ⓢ ◨ 🎋 芬殺草 (fenoxaprop-ethyl) Ⓢ Ⓟ 〘 ▦ 環己烷雙酮類 (cyclohexanedione) 亞汰草 (alloxydim-sodium) Ⓢ ▦ 剋草同 (clethodim) Ⓢ 〘 得殺草 (tepraloxydim) Ⓢ ◨ 西殺草 (sethoxydim) Ⓢ ◨ ◇ 環殺草 (cycloxydim) Ⓢ ◨ ▦ 苯基吡唑啉類 (phenylpyrazoline) (pinoxaden)
抑制乙醯乳酸合成酶；抑制枝鏈胺基酸合成 (Inhibition of acetolactate synthase (ALS) (acetohydroxy-acid synthase (AHAS))) ⬟	2 (B) 高	硫醯脲類 (sulfonylurea) 伏速隆 (flazasulfuron) Ⓢ ◨ 百速隆 (pyrazosulfuron- ethyl) Ⓢ 🎋 西速隆 (cinosulfuron) Ⓢ 🎋 ◨ ⛔ 免速隆 (bensulfuron-methyl) Ⓢ 🎋 ◨ 美速隆 (metazosulfuron) 亞速隆 (ethoxysulfuron) Ⓢ 依速隆 (imazosulfuron) Ⓢ 🎋 環磺隆 (cyclosulfamuron) Ⓢ ⛔ 合速隆 (halosulfuron-methyl) Ⓢ 〘

作用目標生化資訊：  光激化激活態氧　　● 細胞代謝　　● 細胞生長與分裂

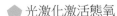

Ⓢ 系統性　　ⓈⓈ 選擇系統性　　ⓁⓈ 局部系統性

64

作用機制	HRAC & WSSA*	化學分類及有效成分名稱
抑制乙醯乳酸合成酶；抑制枝鏈胺基酸合成 (Inhibition of acetolactate synthase (ALS) (acetohydroxy-acid synthase (AHAS))) ⬠	**2** **(B)** 高	(orthosulfamuron) Ⓢ ▨ 🌲 登 咪唑啉酮類 (imidazolinone) 依滅草 (imazapyr) Ⓢ ↕ ▨ 三唑嘧啶類 (triazolopyrimidine) 平速爛 (penoxsulam) Ⓢ ▨ 🌲 嘧啶硫苯甲酸酯類 (pyrimidinyl(thio) benzoate) 未登記藥劑 磺醯胺基羰基三唑啉酮類 (sulfonylaminocarbonyl triazolinone) 未登記藥劑 硫代苯甲酸嘧啶類 (Pyrimidinyl benzoates) 派伏利 (periftalid) 無 混 ◈ 硫代苯甲酸胺類 (Sulfonanilides) 未登記藥劑
抑制微管集結 (Microtubule assembly inhibition) ⬠	**3** **(K1)** 低	二硝基苯胺類 (dinitroaniline) 三福林 (trifluralin) Ⓢ 無 比達寧 (butralin) SS ▮ 施得圃 (pendimethalin) Ⓢ ▨ 🌲 倍尼芬 (benfluralin) Ⓢ 撻乃安 (dinitramine) Ⓢ 🌲 ▮ 苯甲酸類 (benzoic acid) 大克草 (chlorthal-dimethyl) 無 吡啶類 (pyridine) 汰硫草 (dithiopyr) Ⓢ 醯胺酯類 (phosphoroamidates) 未登記藥劑

Ⓟ 原態除草劑　　↕ 上下移行　　▨ 葉吸　　▮ 莖吸　　🌲 根吸

高 抗藥性風險　　◈ 蜜蜂危害　　酸 酸鹼值條件　　無 未 禁 登記資訊

作用機制	HRAC & WSSA*	化學分類及有效成分名稱
仿生長素 (Auxins mimics) ⬠	4 (O) 中	**苯氧羧酸類 (phenoxycarboxylic acid)** 克普草 (clomeprop) Ⓢ 無 二四地 (2,4-D) Ⓢ ❙❙ 加撲草 (MCPB-ethyl) Ⓢ 🍃 木 無 脫禾草 (MCPA-thioethyl) Ⓢ ❙❙ **苯甲酸類 (benzoic acid)** 未登記藥劑 **吡啶胺基羧酸類 (pyridyloxy carboxylates)** 三氯比 (triclopyr-butotyl) Ⓢ ❙❙ 木 🍃 氟氯比 (fluroxypyr-meptyl) Ⓢ 🍃 **吡啶羧酸類 (pyridine carboxylates)** 畢克草 (clopyralid) Ⓢ ❙❙ 🍃 木 無 比拉芬 (florpyranxifen-benzyl) Ⓢ **喹啉羧酸類 (quinolone carboxylates)** 快克草 (quinclorac, Group L) Ⓢ 🍃 **苯甲酸類 (benzoates)** 克爛本 (chloramben) 未
在光合系統 II 中抑制光合作用 (Inhibition of photosynthesis at photosystem II) D1 蛋白 264 位點絲胺酸及其他非 215 位點組胺酸結合劑 (D1 Serine 264	5 (C1) 高	**三嗪類 (triazine)** 佈滅淨 (prometryn) Ⓢ 草殺淨 (ametryn) Ⓢ 木 🍃 草脫淨 (atrazine) Ⓢ 🍃 草滅淨 (simazine) Ⓢ 木 🍃 普拔根 (propazine) Ⓢ 木 愛落殺成分之一 (dimethametryn) Ⓢ 無 氰乃淨 (cyanazine) 禁 **三嗪酮類 (triazinone)** 菲殺淨 (hexazinone) Ⓢ 無

作用目標生化資訊： ● 光激化激活態氧　● 細胞代謝　● 細胞生長與分裂

Ⓢ 系統性　　SS 選擇系統性　　LS 局部系統性

作用機制	HRAC & WSSA*	化學分類及有效成分名稱
binders (and other non-histidine 215 binders)	5 (C1) 高	滅必淨 (metribuzin) Ⓢ **尿嘧啶類 (uracil)** 克草 (bromacil) Ⓢ木◇ **胺基甲酸苯酯類 (phenylcarbamates)** 未登記藥劑
	5 (C2) 中	**尿素類 (urea)** 殺克丹成分之一 (fluothiuron) Ⓢ無 理有龍 (linuron) Ⓢ 愛速隆 (isouron) Ⓢ無 達有龍 (diuron) Ⓢ木 撲奪草 (metobromuron) Ⓢ無 **醯胺類 (amide)** 除草靈 (propanil) 無
在光合系統 II 中抑制光合作用 D1 蛋白 215 位點組胺酸結合劑 (D1 -histidine 215 binders)	6 (C3) 低	**苯噠嗪類 (phenylpyridazine)** 必汰草 (pyridate) 葉無 **苯併噻二嗪酮類 (benzothiadiazinone)** 本達隆 (bentazon) 葉 **腈類 (nitriles)** 未登記藥劑
抑制丙烯醇丙酮基莽草素磷酸 (EPSP) 合成酶 (Inhibition of EPSP (5-enolpyruvyl shikimate-3-phosphate) synthase)	9 (G) 中	**甘胺酸類 (glycine)** 嘉磷塞 (glyphosate) Ⓢ⬛酸 嘉磷塞三甲基硫鹽 (glyphosate-trimesium) Ⓢ酸 嘉磷塞胺鹽 (glyphosate-ammonium) Ⓢ酸 嘉磷塞異丙胺鹽 (glyphosate-isopropylammonium) Ⓢ酸

除草劑

Ⓟ 原態除草劑　⬛ 上下移行　葉 葉吸　⬛ 莖吸　木 根吸

 抗藥性風險　◇ 蜜蜂危害　酸 酸鹼值條件　無未禁 登記資訊　67

作用機制	HRAC & WSSA*	化學分類及有效成分名稱
抑制穀胺醯胺合成酶 (Inhibition of glutamine synthetase) ⬟	10 (H) 低	**次磷酸類 (phosphinic acid)** 固殺草 (glufosinate-ammonium) LS 酸 左固殺草 (glufosinate-P) LS 酸 畢拉草 (bilanafos) Ⓟ 無
白化：在 PDS 步驟抑制胡蘿蔔素生合成 (Bleaching: inhibition of carotenoid biosynthesis at the phytoene desaturase step) ⬟	12 (F1) 低	**聯苯基雜環類 (diphenyl heterocycles)** 未登記藥劑 **苯基雜環類 (N-phenyl heterocycles)** 未登記藥劑 **苯基醚類 (phenyl ethers)** 未登記藥劑
白化：抑制脫氧木酮糖 -5- 磷酸成酶 DOXP (Bleaching: Inhibition of 1-deoxy-D-xylulose 5-phosphate synthase) ⬟	13 (F4) 低	**異噁唑烷酮類 (isoxazolidinone)** 可滅蹤 (clomazone) Ⓢ ⛅ 🔋
抑制原紫質氧化酶 (Inhibition of protoporphy-rinogen oxidase (PPO)) ⬟	14 (E) 低	**二苯醚類 (diphenylether)** 亞喜芬 (acifluorfen) 必芬諾 (bifenox) Ⓢ ⛅ ◨ 🔋 甲氧基護谷 (chlomethoxynil) Ⓢ 復祿芬 (oxyfluorfen)

作用目標生化資訊： ⬟ 光激化激活態氧　⬟ 細胞代謝　⬟ 細胞生長與分裂

Ⓢ 系統性　SS 選擇系統性　LS 局部系統性

作用機制	HRAC & WSSA*	化學分類及有效成分名稱
抑制原紫質氧化酶 (Inhibition of protoporphyrinogen oxidase (PPO)) 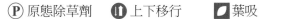	14 (E) 低	**苯吡唑類 (phenylpyrazole)** 乙基派芬草 (pyraflufen-ethyl) 無 **苯酞醯亞胺類 (N-phenylphthalimide)** 殺芬草 (saflufenacil) **三唑啉酮類 (triazolinone)** 乙基克繁草 (carfentrazone-ethyl) LS 葉 草芬定 (azafenidin) 無 **噁唑烷二酮類 (oxazolidinedione)** 樂滅草 (oxadiazon)
抑制長鏈脂肪酸合成 (inhibition of very long chain fatty acid synthesis (VLCFAs))，抑制細胞分裂	15 (K3) 低	**氯化乙醯胺類 (chloroacetamide)** 丁基拉草 (butachlor) S 汰草滅 (dimethenamid) LS 無 拉草 (alachlor) S 欣克草 (thenylchlor) S 無 滅草胺 (metazachlor) S 莫多草 (metolachlor) S 左旋莫多草 (S-metolachlor) S 普拉草 (pretilachlor) S **氧乙醯胺類 (oxyacetamide)** 滅芬草 (mefenacet) S **硫代胺基甲鹽類 (thiocarbamate)** 拔敵草 (butylate) S 葉 根 無 殺丹 (thiobencarb) S 稻得壯 (molinate) S 根 **硫乙醯胺類 (α-thioacetamides)** 愛落殺成分之一 (piperophos) S 無 **環氧乙烷類 (oxiranes)** 三地芬 (tridiphane) 無

除草劑

 P 原態除草劑　 上下移行　 葉吸　 莖吸　根吸

高 抗藥性風險　蜜蜂危害　酸 酸鹼值條件　無 未 禁 登記資訊　69

作用機制	HRAC & WSSA*	化學分類及有效成分名稱
抑制細胞分裂 (Inhibition of VLCFAs (inhibition of cell division))	15 (K3) 低	苯呋喃類 (benzofuranes) 　未登記藥劑 異噁唑啉類 (isoxazolines) 　未登記藥劑 唑羧醯胺類 (azolyl carboxamides) 　未登記藥劑
抑制二氫蝶酸合成酶 (Inhibition of DHP (dihydropteroate) synthase)	18 (I)	胺基甲酸鹽類 (carbamate) 　亞速爛 (asulam) ⑤⑪◻◻◻◻
生長素傳導抑制 (Inhibition of auxin transport)	19 (P)	芳基羧酸類 (aryl-carboxylates) 　鈉得爛 (naptalam) ⑤◻◻
光合系統 I 的電子轉移 (Photosystem I -electron diversion) 	22 (D) 中	聯吡啶類 (bipyridylium) 　巴拉刈 (paraquat) 酸 禁 ◇ 　巴拉刈二氯鹽 (paraquat dichloride) 酸 ❉ ◇
抑制有絲分裂 / 微管組織 (Inhibition of mitosis/ microtubule organisation)	23 (K2) 低	胺基甲酸鹽類 (carbamate) 　未登記藥劑

作用目標生化資訊：  光激化激活態氧 細胞代謝 細胞生長與分裂

⑤ 系統性　　🅂🅂 選擇系統性　　🄻🅂 局部系統性

作用機制	HRAC & WSSA*	化學分類及有效成分名稱
破壞細胞膜 (Uncoupling (Membrane disruption))	24 (M)	**二硝基酚類 (dinitrophenol)** 達諾殺 (dinoseb) 禁 二硝基鄰甲酚 (DNOC)
白化：抑制 4-HPPD (Bleaching: inhibition of 4-hydrozyphe-nylpyruvate-dioxygenase)	27 (F2) 低	**三酮類 (triketone)** 未登記藥劑 **異噁唑類 (isoxazole)** 未登記藥劑 **吡唑類 (pyrazole)** 普芬草 (pyrazoxyfen) S P
抑制纖維素合成 (Inhibition of cell wall (cellulose) synthesis)	29 (L) 低	**腈類 (nitrile)** 二氯苯腈 (dichlobenil) 無 **苯甲醯胺類 (benzamide)** 未登記藥劑
抑制脂肪酸酯酶 (Inhibition of fatty acid thioesterase)	30 (O)	未登記藥劑
抑制絲胺酸 / 蘇胺酸蛋白磷酸酶 (Inhibition of Serine Threonine protein phosphatase)	31 (R)	未登記藥劑

P 原態除草劑　上下移行　葉吸　莖吸　根吸

高 抗藥性風險　蜜蜂危害　酸 酸鹼值條件　無 未 禁 登記資訊

作用機制	HRAC & WSSA*	化學分類及有效成分名稱
抑制茄基二磷酸合成酶 (Inhibition of Solanesyl Diphosphate Synthase) 	32 (S)	未登記藥劑
抑制尿黑酸茄基轉移酶 (Inhibition of Homogentisate Solanesyltransferase (HST))	33 (R)	未登記藥劑
抑制番茄紅素環化酶 (Inhibition of Lycopene cyclase))	34 (F3)	可滅蹤 (clomazone)
脂肪合成抑制 (非乙醯輔酶羧化酶抑制劑) (Inhibition of lipid synthesis-not ACCase inhibition)	16	苯併呋喃類 (benzofuran) 未登記藥劑
未知作用機制 (Unkown Mode of action)	0 (Z) 低	芳胺基丙酸類 (arylaminopropionic acid) 未登記藥劑

作用目標生化資訊： 光激化激活態氧　 細胞代謝　 細胞生長與分裂

S 系統性　SS 選擇系統性　LS 局部系統性

作用機制	HRAC & WSSA*	化學分類及有效成分名稱
未知作用機制 (Unkown Mode of action)	**0** (Z) 低	**有機砷類 (organoarsenical)** 甲基砷酸鈣 (MAC, calcium methylarsonate) 甲基砷酸鈉 (MSMA, monosodium methylarsonate) **二硫代磷酸酯類 (phosphorodithioate)** 開抑草成分之一 (bensulide) 無 王酸 (pelargonic acid) **乙醯胺類 (acetamide)** 萘普草 (naproanilide) S 無 大芬滅 (diphenamid) S 無 滅落脫 (napropamide) S 溴芬諾成分之一 (bromobutide) 無 邁隆 (dazomet) ◇ 汰草龍 (daimuron) S **氯化碳酸類 (chlorocarbonic acid)** 氟丙酸 (flupropanate-sodium) S 木 得拉本 (dalapon-sodium) S 木 □

* 括號內的英文字母為舊的 HRAC 代碼。

參考資料：EFSA Supporting publication 2016:EN-1060、Herbicide Resistance Action Committee (HRAC) 2024、The Pesticide Manual、The Pesticide Encyclopedia、動植物防疫檢疫署農藥資訊網。

作用目標生化資訊：

⬠ **光激化激活態氧**：會與植物中光合系統中的蛋白結合，使電子不能傳遞，如施用藥劑後，在強日照作用下，會使游離電子增多，產生活性氧等自由基加速藥效。

Ⓟ 原態除草劑　🔼 上下移行　◨ 葉吸　🔰 莖吸　木 根吸

高 抗藥性風險　◇ 蜜蜂危害　酸 酸鹼值條件　無 未 禁 登記資訊　　73

⬣ **細胞代謝**：影響植物體內細胞的生理和代謝反應，如抑制其酵素反應或纖維素的合成。

⬠ **細胞生長與分製**：影響植物細胞的生長如微管的抑制或影響分裂如生長素及解偶聯劑等亦包括未知作用機制的類別。

抗藥性風險資訊：

高 ：在現有的文獻顯示，單類除草劑佔全數產生抗藥性除草劑的比率超過 10% 者，屬於高度抗藥風險性的殺蟲劑。

中 ：在現有的文獻顯示，單類除草劑佔全數產生抗藥性除草劑的比率位於 5-10% 間者，屬於中度風險的抗藥性。

低 ：在現有的文獻顯示，單類除草劑佔全數產生抗藥性的除草劑比率小於 5% 者，屬於低度風險的抗藥性。

代碼：

Ⓟ **原態除草劑**：化合物在給藥後必須通過生化（酶促），進行化學性（可能在酶促步驟之後）或物理性（例如光化學）活化過程進行化學轉化，然後才能成為具有除草劑作用的藥理活性除草劑。例如 2,4-DB, 本身化合物對大豆與雜草是無效果, 但雜草想把它分解掉，透過 β 氧化作用 將其反應成 2,4-D，才有藥效。

除草劑的系統性：除草劑有分為根、部葉及莖等不同部位吸收，有些除草劑可兼俱不同部位，有些僅有單一部位。

根吸收以 🔺 圖示表示、葉吸以 ◰ 圖示表示及莖吸收以 ▯ 圖示表示。有些是新或嫩莖才有吸收能力，▯ 圖示就以較淡的顏色表示，如必芬諾及普芬草，及在比達寧，只有在發芽的苗期會吸收。平速爛較少根吸，以圖示 🔺 的顏色較淡表示。

除草劑

殺鼠劑 (Rodenticides) 作用機制分類

作用機制	有效成分名稱
維生素 K 拮抗劑；抗凝血作用 (Vitamin K antagonist; anticoagulant)	可伐鼠 (chlorophacinone)  可滅鼠 (brodifacoum) 伏滅鼠 (flocoumafen) 得伐鼠 (diphacinone) 無 殺鼠靈 (warfarin) 無 達滅鼠 (difenthialone) 無 撲滅鼠 (bromadiolone)

資料來源：Rodenticide Resistance Action Committee (RRAC) 2003、動植物防疫檢疫署農藥資訊網。

殺鼠劑

無 無有效登記證

殺螺劑 (Molluscicides) 作用機制分類

作用機制	有效成分名稱
粒線體氧化磷酸化反應解連偶劑 (Uncouplers of oxidative phosphorylation in mitochondria)	耐克螺 (niclosamide)
黏液細胞超微結構破壞 (Destruction of ultrastructure in mucocytes)	聚乙醛 (metaldehyde)

資料來源: 動植物防疫檢疫署農藥資訊網、International Programme on Chemical Safety (IPCS)、Markus Bieri (2003)。

殺螺劑

殺線蟲劑 (Nematicides) 作用機制分類

作用機制	MoA	化學分類及有效成分名稱	IRAC/FRAC
神經作用：乙醯膽鹼酯酶抑制 (Acetylcholin-esterase inhibitors)	N-1A	**胺基甲酸鹽類 (carbamates)** 歐殺滅 (oxamyl) Ⓢ ◇ (aldicarb) 未 免扶克 (benfuracarb) Ⓢ ◇ 未 加保扶 (carbofuran) Ⓢ ◇ 未 丁基加保扶 (carbosulfan) Ⓢ ◇ 未 硫敵克 (thiodicarb) Ⓢ ◇ 未	IRAC 1A
	N-1B	**有機磷類 (organophosphates)** 二硫松 (disulfoton) Ⓢ ◇ 無 普伏松 (ethoprophos) ◇ 芬滅松 (fenamiphos) Ⓢ ◇ 福賽絕 (fosthiazate) Ⓢ ◇ 托福松 (terbufos) ◇ (cadusafos) 未 (imicyafos) 未 福瑞松 (phorate) Ⓢ ◇ 未	IRAC 1B
		摩朗得酒石酸鹽 (morantel tartrate) 無	
神經作用：谷胺酸門控氯離子通道異位調節 (Glutamate-gated chloride channel (GluCl) allosteric modulators) ■	N-2	**(avermectins)** 阿巴汀 (abamectin) LS 酸 未 ◇	IRAC 6

作用目標生理資訊：　■ 神經和肌肉　■ 甲基吡啶苯甲醯胺　■ 生物性
　　　　　　■ 脂肪合成，生長調節　■ 雜類非專一或多重作用部位抑制劑

作用機制	MoA	化學分類及有效成分名稱	IRAC/FRAC
粒線體電子傳遞複合物 II 抑制：琥珀酸脫氫酶 (Mitochondrial complex II electron transport inhibitors. Succinate-coenzyme Q reductase.) ▆	N-3	吡啶乙基苯醯胺類 (pyridinyl-ethyl benzamides; phenethyl pyridineamides) 氟派瑞 (fluopyram) Ⓢ Ⓟ Ⓒ (cyclobutrifluram)	FRAC C2/7
脂肪合成，生長調節：乙醯輔酶 A 羧化酶脂肪合成抑制 (Lipid synthesis, growth regulation. Inhibitors of acetyl CoA carboxylase) ▆	N-4	特窗酸及帖唑咪酸衍生物 (tetronic acid and tetramic acid derivatives) 賜派滅 (spirotetramat) Ⓢ 未 ◇	IRAC 23
未知或不確定作用機制的化合物 (Compounds of unknown or uncertain MoA)	N-UN	多種化學物 (Various chemistries) 氟速芬 (fluensulfone) Ⓢ (fluazaindolizine) 未 (furfural) 未 依普同 (iprodione) Ⓟ Ⓒ 未	FRAC E3/2

Ⓢ 系統性　ⓁⓈ 局部系統性　Ⓟ 保護性　Ⓒ 治療性　◇ 蜜蜂危害

酸 酸鹼值條件　未 未登記　無 無有效登記證　禁 禁用

殺線蟲劑

作用機制	MoA	化學分類及有效成分名稱	IRAC/FRAC
雜類非專一或多重作用部位抑制劑 (Compounds of unknown or uncertain MoA: Presumed multi-site inhibitor) ■	N-UNX	揮發性燻蒸劑 (various fumigants)	IRAC 8
		產硫化學物 二硫化碳 (carbon disulfide) 未 二甲基二硫 (dimethyl disulfide, DMDS) 未	
		二硫化碳釋放物 (carbon disulfide liberator) 四硫代碳酸钠 (sodium tetrathiocarbonate) 未	
		烷基鹵化物 (alkyl halides) 溴化甲烷 (methyl bromide) 禁 碘甲烷 (methyl iodide, iodomethane) 未	
		有機鹵化物 (halogenated hydrocarbon) 1,2- 二溴 -3- 氯丙烷 (1,2-Dibromo-3-Chloropropane, DBCP) 未 1，3- 二氯丙烯 (1,3-Dichloropropene) 未	
		(chloropicrin) 氯化苦 (chloropicrin) 禁	

作用目標生理資訊： ■ 神經和肌肉　■ 甲基吡啶苯甲醯胺　■ 生物性
■ 脂肪合成，生長調節　■ 雜類非專一或多重作用部位抑制劑

作用機制	MoA	化學分類及有效成分名稱	IRAC/FRAC
雜類非專一或多重作用部位抑制劑 (Compounds of unknown or uncertain MoA: Presumed multi-site inhibitor) ▨	N-UNX	異硫氰酸甲酯產生劑 (methyl isothiocyanate generators) 邁隆 (dazomet) ◇ 斯美地 (metam sodim) 無 (metam potassium) 未 異硫氰酸烯丙酯 (allyl isothiocyanate) 未	IRAC 8
未知或不確定作用機制的細菌 (非蘇力菌) 資材 (Bacterial agents (non-Bt) of unknown or uncertain MoA) ▨	N-UNB	細菌或其衍生物 (bacterium or bacterium-derived) 未 *Bacillus* spp.e.g. *firmus, licheniformis, amyloliquefaciens, subtilis* etc. *Burkholderia* spp. e.g. *rinojensis* A396 *Pasteuria* spp. e.g. *penetrans, nishizawae* *Streptomyces* spp. e.g. *lydicus, dicklowii, albogriseolus* *Pseudomonas* spp. e.g. *chlororaphis, fluorescens*	
未知或未確定作用機制的真菌資材 (Fungal agents of unknown or uncertain MoA) ▨	N-UNF	真菌或其衍生物 (fungus or fungus-derived) 未 *Actinomyces* spp. e.g. *streptococcus* *Arthrobotrys* spp. e.g. *oligospor* *Aspergillus* spp. e.g. *niger* *Muscodor* spp. e.g. *albus* *Myrothecium* spp. e.g. *verrucaria*	

殺線蟲劑

 系統性　 局部系統性　 保護性　C 治療性　◇ 蜜蜂危害

 酸鹼值條件　 未登記　 無有效登記證　 禁用

81

作用機制	MoA	化學分類及有效成分名稱	IRAC/FRAC
未知或未確定作用機制的真菌資材 (Fungal agents of unknown or uncertain MoA) ■	N-UNF	**真菌或其衍生物 (Fungus or Fungus-Derived)** 未 *Paecilomyces* spp. e.g. *lilacinus* (*Purpureocillium lilacinum*), *carneus, fumosoroseus* *Pochonia* spp. e.g. *chlamydosporia* *Trichoderma* spp. e.g. *harzianum, virens, atroviride, viride*	
植物性或動物衍生物包括合成、萃取或未精緻油，但作用機制未知或不確定 (Botanical or animal derived agents including synthetic, extracts and unrefined oils with unknown or uncertain MoA) ■	N-UNE	**植物性或動物衍生物 (Botanical or Animal-Derived)** 苦茶籽餅 (camellia seed cake) 幾丁質 (chitin) 精油 (essential oils) 蒜萃取 (garlic extract) 免登 印楝素 (azadirachtin) Ⓢ 未 水黃皮 (pongamia oil) 未 皂樹樹皮萃取 (quillaja saponaria extract) 未 (terpenes)	IRAC UN
國際未分類		滅線蟲 (DCIP)	

參考資料：Nematicide Mode of Action Classification：Poster Edition 2.2, March 2024、動植物防疫檢疫署農藥資訊網、The Pesticide Manual、*Spiegel et al. (1987)。

作用目標生理資訊：■ 神經和肌肉　■ 甲基吡啶苯甲醯胺　■ 生物性　■ 脂肪合成，生長調節　■ 雜類非專一或多重作用部位抑制劑

作用目標生化資訊：

■ 神經和肌肉：指作用的部位在線蟲的神經或肌肉組織，神經系統包括中樞及週圍神經系統，這類藥劑的作用速度通常較為快速。

■ 甲基吡啶苯甲醯胺：屬於粒線體電子傳遞複合物 II 抑制，抑制琥珀酸脫氫酶反應，目前的結構屬此分群。

■ 脂肪合成，生長調節：影響到線蟲的脂肪合成及其生長反應的藥劑屬之。

■ 雜類非專一或多重作用部位抑制劑：作用機制的標的部位較多，非屬單一部位。

■ 生物性：生物性來源，包括來自於細菌微生物 (N-UNB)、真菌微生物 (N-UNF) 及植物性或動物衍生物包括合成、萃取或未精煉油 (N-UNE)，但目前作用機仍未清楚。

殺線蟲劑

 S 系統性 **LS** 局部系統性 **P** 保護性 **C** 治療性  蜜蜂危害

 酸 酸鹼值條件 **未** 未登記 **無** 無有效登記證  **禁** 禁用

殺蟲劑作用機制分類

作用機制	IRAC	化學分類及有效成分名稱
乙醯膽鹼酯酶抑制 (Acetylcholinester-ase inhibitors) ▢	**1A** 高	**胺基甲酸鹽類 (carbamates)** 安丹 (propoxur) ◇
	1B 高	**有機磷類 (organophosphates)** 亞特松 (pirimiphos-methyl) LS ◇ 亞培松 (temephos) S ⯬ 11 ◇ 馬拉松 (malathion) 酸 ◇ 陶斯松 (chlorpyrifos) 禁 ◇ 撲滅松 (fenitrothion) ◇
γ- 胺基丁酸氯離子通道拮抗 (GABA-gated chloride channel blockers) ▢	**2A**	**環雙烯有機氯類 (cyclodiene organochlorines)**
	2B 中	**苯吡唑類 (phenylpyrazoles)** 芬普尼 (fipronil) SS ◇
鈉離子通道調節 (Sodium channel modulators) ▢	**3A** 高	**除蟲菊類 (pyrethrins, pyrethroids)** 亞烈寧 (allethrin) 環 ◇ 百亞烈寧 (bioallethrin) 環 ◇ 異亞烈寧 (d-allethrin) 環 ◇ 右亞烈寧 (S-Bioallethrin) 環 ◇ 畢芬寧 (bifenthrin) ◇ 賽飛寧 (cyfluthrin) 環 ◇ β- 賽飛寧 (β-cyfluthrin) ◇ 賽洛寧 (lambda-cyhalothrin) ◇ 賽滅寧 (cypermethrin) ◇ 亞滅寧 (alpha-cypermethrin) 環 ◇

作用目標生理資訊： ▢ 神經和肌肉　▢ 生長和發育　▢ 呼吸系統

　▢ 中腸部位　▢ 蛋白質抑制劑　▢ 未知或無特定作用位置

環境衛生用藥

作用機制	IRAC	化學分類及有效成分名稱
鈉離子通道調節 (Sodium channel modulators) ▨	**3A** **高**	賽酚寧 (cyphenothrin) 環 🐝 第滅寧 (deltamethrin) 🐝 益避寧 (empenthrin) 環 賜百寧 (esbiothrin) 環 依芬寧 (etofenprox) ◇ 芬化利 (fenvalerate) ◇ 依普寧 (imiprothrin) 環 ◇ 剋特寧 (kadethrin) 無 美特寧 (metofluthrin) 環 蒙氟寧 (momfluorothrin) 環 百滅寧 (permethrin) ◇ 酚丁滅寧 (phenothrin) 環 ◇ 普亞列寧 (prallethrin) 環 ◇ 地亞列寧 (pynamin d forte) 無 必列寧 (pyrethrin) 環 ◇ 列滅寧 (resmethrin) 環 ◇ 百列滅寧 (bioresmethrin) 無 ◇ 異列滅寧 (d-Resmethrin) 環 ◇ 治滅寧 (tetramethrin) 環 ◇ 異治滅寧 (d-tetramethrin) 環 ◇ 特多寧 (tralomethrin) 環 ◇ 拜富寧 (transfluthrin) 環 ◇
	3B	滴滴涕 (DDT) 禁 未登記藥劑

Ⓢ 系統性　ⓈⓈ 選擇系統性　ⓁⓈ 局部系統性　穿層滲透　上下移行

無登環禁登記資訊　酸鹼 酸鹼值條件　◇ 蜜蜂危害　高 抗藥性風險

作用機制	IRAC	化學分類及有效成分名稱
尼古丁乙醯膽鹼受器競爭性調節 (Nicotinic acetylcholine receptor (nAChR) competitive modulators) ▢	**4A** 高	新尼古丁類 (neonicotinoids) 益達胺 (imidacloprid) Ⓢ ⬇ ◈ 達特南 (達特胺) (dinotefuran) Ⓢ ⬇ ◈
	4B	尼古丁 (nicotine)
尼古丁乙醯膽鹼受體異位調節 (Nicotinic acetylcholine receptor allosteric modulators) ▢	**5** 中	(spinosyns) 未登記藥劑
谷胺酸門控氯離子通道異位調節 (Glutamate-gated chloride channel (GluCl) allosteric modulators) ▢	**6** 中	(avermectins, milbemycins) 未登記藥劑
青春激素模擬 (Juvenile hormone mimics) ▢	**7A**	青春激素類似物 (juvenile hormone analogues) 未登記藥劑
	7B 低	未登記藥劑
	7C 低	百利普芬 (pyriproxyfen) ⬇ ◈

作用目標生理資訊： ▢ 神經和肌肉　▢ 生長和發育　▢ 呼吸系統
▢ 中腸部位　▢ 蛋白質抑制劑　▢ 未知或無特定作用位置

環境衛生用藥

作用機制	IRAC	化學分類及有效成分名稱
雜類非專一或多重作用部位抑制 (Miscellaneous nonspecific (multi-site) inhibitors)	8D	硼砂 (borax) 硼酸 (boric acid) 四水八硼酸鈉 (disodium octaborate tetrahydrate)
弦音器調節 (Modulators of chordotonal organ)	9B 低	吡啶偶氮甲鹼 (pyridine azomethine derivatives) 未登記藥劑
		丙烯 (Pyropenes) 未登記藥劑
破壞昆蟲中腸之微生物 (Microbial disruptors of insect midgut membranes)	11A 低	蘇力菌 (*Bacillus thuringiensis*) 蘇力菌 (*Bt.* subsp. *israelensis*)
	11B	球型桿菌 (*Bacillus sphaericus*) 未登記藥劑
干擾質子梯度分解氧化磷酸化反應 (Uncouplers of oxidative phosphorylation via disruption of proton gradient)	13	克凡派 (chlorfenapyr) 登 LS 穿層滲透 蜜蜂危害
尼古丁乙醯膽鹼受體通道阻斷 (Nicotinic acetylcholine receptor channel blockers)	14	沙蠶毒素類似物 (nereistoxin analogues) 未登記藥劑

 系統性　 選擇系統性　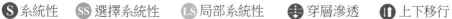 局部系統性　 穿層滲透　 上下移行

 登記資訊　 酸鹼值條件　 蜜蜂危害　 抗藥性風險

作用機制	IRAC	化學分類及有效成分名稱
幾丁質合成抑制（第 0 類）(Inhibitors of chitin biosynthesis, type 0)	**15** 低	**苯甲醯尿素類 (benzoylureas)** 六伏隆 (hexaflumuron) 環 諾福隆 (noviflumuron) 環
幾丁質合成抑制（第 1 類）(Inhibitors of chitin biosynthesis, type 1)	**16** 低	未登記藥劑
雙翅類脫皮干擾 (Moulting disruptor, Dipteran)	**17** 低	未登記藥劑
脫皮激素結合 (Ecdysone agonists)	**18**	**二醯基聯氨類 (diacylhydrazines)** 未登記藥劑
粒線體複合物 III 電子傳遞抑制 (Mitochondrial complex III electron transport inhibitors)	**20A**	愛美松 (hydramethylnon) 環
	20B 低	未登記藥劑
	20C	未登記藥劑
神經傳導電壓相關鈉離子通道阻斷 (Voltage-dependent sodium channel blockers)	**22A** 中	因得克 (indoxacarb)
	22B 低	未登記藥劑

作用目標生理資訊： 神經和肌肉  生長和發育 呼吸系統

  中腸部位 　蛋白質抑制劑 　未知或無特定作用位置

作用機制	IRAC	化學分類及有效成分名稱
未知作用機制或尚未確定種類 (Compounds with unknown or uncertain mode of action)	UNE	植物精油包含合成、萃取及未精煉油 (botanical essence including synthetic, extracts and unrefined oils) 肉桂油（肉桂醛）Cinnamon oil (cinnamic aldehyde) 薄荷油 香茅精油（香茅醛）(citronellal) 尤加利精油 (eucalyptus essential oil) 薰衣草精油 (lavender essential oil) 檸檬醛（山雞椒油）精油 Litsea Cubeba (May Chang) essetial oil 苦參鹼 (matrine)

環
境
衛
生

用

藥

參考資料：Insecticide Resistance Action Committee (IRAC) 2024 Edition 11.1、The Pesticide Manual、The Pesticide Encyclopedia、環境部化學物質管理署環境用藥管理資訊系統。

 系統性　 選擇系統性　局部系統性　 穿層滲透　 上下移行

 登記資訊　 酸鹼值條件　蜜蜂危害　高 抗藥性風險

殺鼠劑作用機制表

作用機制	有效成分名稱
維生素 K 拮抗劑；抗凝血作用 (Vitamin K antagonist; anticoagulant)	可伐鼠 (chlorophacinone) 無 可滅鼠 (brodifacoum) 伏滅鼠 (flocoumafen) 得伐鼠 (diphacinone) 無 殺鼠靈 (warfarin) 無 立滅鼠 (difenthialone) 無 撲滅鼠 (bromadiolone) 環 雙滅鼠 (difenacoum) 環 剋滅鼠 (coumatetralyl) 環
高鈣和磷離子導致腎衰竭 (Cholecalciferol)	維生素 D3 (Vitamin D3) 登

環：僅登記在環境衛生用藥，不適於作為農用藥劑。

登：廠商此刻正在登記中。

無：無有效登記證。

代碼解說

殺蟲劑作用目標生理資訊：

神經和肌肉：指殺蟲劑作用的部位在昆蟲或蟎類的神經或肌肉組織，神經系統包括中樞及週圍神經系統，這類藥劑的作用速度通常較為快速。

生長和發育：指殺蟲劑作用在昆蟲或蟎類的生長及發育的過程，通常針對幼蟲或若蟲有效，反應時間需經歷一個齡期，這類藥劑的作用速度通常稍慢或慢速。

呼吸：指殺蟲劑作用在昆蟲或蟎類的呼吸系統，此類藥劑的作用速度通常稍快或快速，但速度低於中樞神經系統。

中腸：指殺蟲劑作用在昆蟲的中腸標的部位，目前僅國內蘇力菌屬之，此類藥劑作用速度約需 48 小時。

蛋白質抑制劑：指殺蟲劑作用的部位導致蛋白質表現受到抑制，目前為屬於 IRAC35 類的 RNA 干擾導致標的基因被抑制。是目前新穎殺蟲劑作用機制。

未知或無特定作用位置：指殺蟲劑作用的部位種類繁雜，並無法明確歸類其作用機制。有些是作用機制尚不明瞭，有些則是有多個作用部位。針對多作用部位的殺蟲機制，因屬全面性的防禦，害蟲較不易對其產生抗藥性。

除草劑作用目標生化資訊：

光激化激活態氧：會與植物中光合系統中的蛋白結合，使電子不能傳遞，如施用藥劑後，在強日照作用下，會使游離電子增多，產生活性氧等自由基加速藥效。

細胞代謝：影響植物體內細胞的生理和代謝反應，如抑制其酵素反應或纖維素的合成。

細胞生長與分製：影響植物細胞的生長如微管的抑制或影響分裂如生長素及解偶聯劑等亦包括未知作用機制的類別。

殺線蟲劑作用目標生化資訊：

■ **神經和肌肉：**指作用的部位在線蟲的神經或肌肉組織，神經系統包括中樞及週圍神經系統，這類藥劑的作用速度通常較為快速。

■ **甲基吡啶苯甲醯胺：**屬於粒線體電子傳遞複合物 II 抑制，抑制琥珀酸脫氫酶反應，目前的結構屬此分群。

■ **脂肪合成，生長調節：**影響到線蟲的脂肪合成及其生長反應的藥劑屬之。

■ **雜類非專一或多重作用部位抑制劑：**作用機制的標的部位較多，非屬單一部位。

■ **生物性：**生物性來源，包括來自於細菌微生物 (N-UNB)、真菌微生物 (N-UNF) 及植物性或動物衍生物包括合成、萃取或未精煉油 (N-UNE)，但目前作用機仍未清楚。

抗藥性風險資訊：

高：在現有的文獻顯示，殺蟲劑已有 500 種以上產生抗藥性的案例紀錄者、或單類除草劑佔全數產生抗藥性除草劑的比率超過 10% 者、或殺菌劑的標的病原菌抗藥性容易擴散或嚴重降低效果，在某些地區殺菌劑上市後，病原菌在極短時間內對其產生抗藥性，以上皆歸屬於高度抗藥風險性的藥物。

中高：目前僅針對殺菌劑有此等級的分類，此群殺菌劑的抗藥性風險在高及中之間。

中：在現有的文獻顯示，殺蟲劑已有 100-500 種產生抗藥性的案例紀錄者、或單類除草劑佔全數產生抗藥性除草劑的比率位於 5-10% 間者、或殺菌劑僅在部分地區的病原菌會對之產生抗藥性，以上皆歸屬於中度風險的抗藥性。

中低：目前僅針對殺菌劑有此等級的分類，此群殺菌劑的抗藥性風險在中及低之間。

低：在現有的文獻顯示，殺蟲劑產生抗藥性案例紀錄少於 100 種、或單類除草劑佔全數產生抗藥性的除草劑比率小於 5% 者、或殺菌劑上市很多年後才產生抗藥性或抗藥性的發生極少見或局限的案例，以上皆歸屬於低度風險的抗藥性。

農藥特性：

S 系統性農藥： 植物局部施用藥劑後，藥劑移行到其它植物組織。絕大部分指透過水的運送由下往上輸導。

SS 選擇系統性農藥： 系統性僅出現在特定植物上，如單子葉或雙子葉植物；或出現在施用的不同部位，如在根部施用時，可擴散到葉；但在葉部施用時，不到葉脈，不含到莖，只呈現局部系統性效果。反之亦然。使用上需注意。

LS 局部系統性農藥： 又可指跨薄壁組織的作用。藥劑噴灑到植物的組織後，能短距離移動到周圍組織，局部滲透到根或局部滲透到一片葉子的葉組統、或透過葉組織的木質部到小枝條。

穿層滲透： 又可指跨薄壁組織的作用，特指施用到葉上表皮可滲透到下表皮。

上下移行： 系統性農藥中，可透過韌皮部的運送由上往下輸導，不過，一般具雙向傳導功能農藥而言，以根部往上輸送的能力會超過往下移行的能力。

P 原態除草劑： 化合物在給藥後必須通過生化（酶促），進行化學性（可能在酶促步驟之後）或物理性（例如光化學）活化過程進行化學轉化，然後才能成為具有除草劑作用的藥理活性除草劑。例如 2,4-DB, 本身化合物對大豆與雜草是無效果 , 但雜草想把它分解掉，透過 β 氧化作用 將其反應成 2,4-D，才有藥效。

殺菌劑農藥特性：

P 保護性： 藥劑在病原菌到達或開始感染前，在植表體面或植體內形成保護障蔽以避免感染發生，有可稱為預防性作用。

C 治療性： 藥劑在植物組織中阻止病原菌在組織的早期生長，此類藥劑依藥劑種類不同通常在感染發生後 24 至 72 小時最有效。要注意的是治療性藥劑，在感染之前或感染初期都有效；但一旦到了較後期的感染，此類藥劑即無效果。

E 除滅性： 作用方式同治療性藥劑，但可防除已出現病徵 (symptom) 的病原菌感染。

除草劑的系統性：

除草劑有分為根、部葉及莖等不同部位吸收，有些除草劑可兼俱不同部位，有些僅有單一部位。

根吸收以 ▲ 圖示表示、葉吸以 ◢ 圖示表示及莖吸收以 █ 圖示表示。有些是新或嫩莖才有吸收能力，█ 圖示就以較淡的顏色表示，如必芬諾及普芬草，及在比達寧，只有在發芽的苗期會吸收。平速爛較少根吸，以圖示 ▲ 的顏色較淡表示。

農藥酸鹼值代碼：

酸 當農藥有效成分稀釋在水中時，藥液在酸鹼值為弱酸（酸鹼值為 5 到 6.5）時較為安定，在鹼性環境中（酸鹼值大於 7.5 以上），短時間（如數小時）即會造成有效成分降解。

鹼 農藥有效成分在酸鹼值為弱鹼（酸鹼值為 8 到 9）時較為安定，不適合和酸性藥劑混合使用，混合後可能會產生化學變化或降解。

登記資訊代碼：

無 **無有效登記證**：表示此有效成份藥劑曾於國內進行農藥的登記，但目前無有效的登記證號。

混 僅存在於混合劑之有效成分，但無單劑的有效許可證。

環 僅登記在環境衛生用藥，不適於作為農用藥劑。

禁 **禁用農藥**：表示此有效成份藥劑為國內禁止使用、販售或輸入，違反者處以農藥管理法最高罰則。

未 **未登記農藥**：表示此有效成份藥劑未於國內登記，但國外有作為農藥使用之案例。

登 **登記中**：目前農藥廠商申請登計中，還在各級單位審查中。

免登：免登農藥，表示此有效成份藥劑屬於公告之免登記農藥，要申請登記植物保護資材進行低度管理。

中文普通名	英文普通名	限制進入	作用機制分類
乙基克繁草	carfentrazone-ethyl	12 小時	**HRAC** 14
乙基派芬草	pyraflufen-ethyl	12 小時	**HRAC** 14
丁基加保扶	carbosulfan		**IRAC** 1A
丁基拉草	butachlor		**HRAC** 15
丁基滅必蝨	fenobucarb		**IRAC** 1A
丁基賽伏草	cyhalofop-butyl	12 小時	**HRAC** 1
二甲基二硫	dimethyl disulfide (DMDS)		**Nematicide** N-UNX
二四地	2,4-D	48 小時	**HRAC** 4
二氟林	diflumetorim		**FRAC** C1, 39
二硝基磷甲酚	DNOC		**IRAC** 13; **HRAC** 24
二硫松	disulfoton	48 小時	**IRAC** 1B; **Nematicide** N-1B
二氯苯腈	dichlobenil	12 小時	**HRAC** 29
二福隆	diflubenzuron	12 小時	**IRAC** 15
三元硫酸銅	tribasic copper sulfate	48 小時	**FRAC** M01
三地芬	tridiphane		**HRAC** 15
三亞蟎	amitraz	> **48** 小時	**IRAC** 19
三苯基氯化錫	fentin chloride		**FRAC** C6, 30
三苯羥錫	fentin hydroxide		**FRAC** C6, 30

限制進入：農藥施作後，在此限制時間內，禁止無防護裝備人員進入農藥施作區域。

中文普通名	英文普通名	限制進入	作用機制分類
三苯醋錫	fentin acetate		**FRAC** C6, 30
三氟敏	trifloxystrobin	**12** 小時	**FRAC** C3, 11
三泰芬	triadimefon	**12** 小時	**FRAC** G1, 3
三泰隆	triadimenol		**FRAC** G1, 3
三得芬	tridemorph		**FRAC** G2, 5
三氯比	triclopyr-butotyl	**12** 小時	**HRAC** 4
三氯松	trichlorfon	**12** 小時	**IRAC** 1B
三落松	triazophos		**IRAC** 1B
三福林	trifluralin	**12** 小時	**HRAC** 3
三賽唑	tricyclazole		**FRAC** I1, 16.1
乃力松	naled	**48/72** 小時	**IRAC** 1B
凡殺同	famoxadone	**12** 小時	**FRAC** C3, 11
土荊芥萃取物	*Chenopodium ambrosioides near ambrosioides* extract		**IRAC** UNE
土黴素	oxytetracycline	**12** 小時	**FRAC** D5, 41
大克蟎	dicofol	**12** 小時 / **87** 天	**IRAC** un
大克草	chlorthal-dimethyl	**12** 小時	**HRAC** 3
大克爛	dicloran		**FRAC** F3, 14
大利松	diazinon	**2-4** 天	**IRAC** 1B
大芬滅	diphenamid		**HRAC** 15
大滅松	dimethoate	**10-14** 天	**IRAC** 1B

中文普通名	英文普通名	限制進入	作用機制分類
木黴菌	*Trichoderma spp.*		**Nematicide** N-UNF
五氯硝苯	quintozene (PCNB)		**FRAC** F3, 14
巴拉刈 ⚠	paraquat	12/24 小時	**HRAC** 22
巴拉刈二氯鹽 ⚠	paraquat dichloride	12/24 小時	**HRAC** 22
巴賽松	phoxim		**IRAC** 1B
比加普 ⚠ ⚠	pirimicarb	24 小時	**IRAC** 1A
比多農	bitertanol		**FRAC** G1, 3
比拉芬	florpyranxifen-benzyl		**HRAC** 4
比芬諾	pyrifenox		**FRAC** G1, 3
比達寧	butralin	12 小時	**HRAC** 3
丙基喜樂松	iprobenfos		**FRAC** F2, 6
加保利 ⚠	carbaryl	12 小時	**IRAC** 1A
加保扶 ⚠	carbofuran	3-6 天	**IRAC** 1A
加普胺	carpropamid		**FRAC** I2, 16.2
加福松 ⚠	isoxathion		**IRAC** 1B
加撲草	MCPB-ethyl	48 小時	**HRAC** 4
加護松	kayaphos		**IRAC** 1B
可尼丁	clothianidin	12 小時	**IRAC** 4A
可伐鼠 ⚠	chlorophacinone		**Rodenticide**
可芬諾	chromafenozide		**IRAC** 18

　限制進入：農藥施作後，在此限制時間內，禁止無防護裝備人員進入農藥施作區域。

中文普通名	英文普通名	限制進入	作用機制分類
可滅鼠 ⟨!⟩ ⟨⟩	brodifacoum	12/72 小時	**Rodenticide**
可滅蹤	clomazone	12 小時	**HRAC** 34
可濕性硫黃	sulfur	4/24 小時	**IRAC** un; **FRAC** M02
右本達樂	benalaxyl-M	12 小時	**FRAC** A1, 4
右滅達樂	metalaxyl-M	24 小時	**FRAC** A1, 4
四克利 ⟨⟩	tetraconazole	12 小時	**FRAC** G1, 3
四氯丹	captafol		**FRAC** M04
四氯異苯腈 ⟨!⟩	chlorothalonil	12/48 小時	**FRAC** M05
四硫代碳酸鈉	sodium tetrathiocarbonate		**IRAC** 8
尼古丁	nicotine		**IRAC** 4B
尼瑞莫	nuarimol		**FRAC** G1, 3
左旋莫多草	metolachlor, S-	12 小時	**HRAC** 15
布芬淨	buprofezin	12 小時	**IRAC** 16
布瑞莫	bupirimate		**FRAC** A2, 8
平克座	penconazole	12 小時	**FRAC** G1, 3
平硫瑞	penthiopyrad		**FRAC** C2, 7
平氟芬	penflufen	12 小時	**FRAC** 7
平速爛	penoxsulam	12 小時	**HRAC** 2
必汰草	pyridate	12 小時	**HRAC** 6
必芬松	pyridaphenthion		**IRAC** 1B

中文普通名	英文普通名	限制進入	作用機制分類
必芬諾	bifenox		**HRAC** 14
必芬蟎	bifenazate	**4/12** 小時	**IRAC** un
本達隆	bentazon	**48** 小時	**HRAC** 6
本達樂	benalaxyl	**12** 小時	**FRAC** A1, 4
甲氧基護谷	chlomethoxynil		**HRAC** 14
甲基巴拉松 ⚠	parathion-methyl	**48** 小時	**IRAC** 1B
甲基合氯氟 ◈	haloxyfop-P-methyl		**HRAC** 1
甲基多保淨 ◈	thiophanate-methyl	**12/48** 小時	**FRAC** B1, 1
甲基益發靈 ⚠ ◈	tolylfluanid		**FRAC** M06
甲基砷酸鈣	MAC, calcium methylarsonate		**HRAC** 0
甲基砷酸鈉	MSMA, monosodium methylarsonate	**12** 小時	**HRAC** 0
甲基鋅乃浦 ◈	propineb		**FRAC** M3
白克列	boscalid	**12** 小時	**FRAC** C2, 7
白克松	pyraclofos		**IRAC** 1B
白粉克	meptyl dinocap		**FRAC** C5, 29
白粉松	pyrazophos		**FRAC** F2, 6
白殭菌	*Beauveria bassiana*		**IRAC** UNF
石灰硫黃	lime sulfur	**48** 小時	**IRAC** un
伏寄普 ◈	fluazifop-P-butyl	**12** 小時	**HRAC** 1

限制進入：農藥施作後，在此限制時間內，禁止無防護裝備人員進入農藥施作區域。

中文普通名	英文普通名	限制進入	作用機制分類
伏速隆	flazasulfuron	12 小時	**HRAC** 2
伏滅鼠 ⟨!⟩ ⟨⟩	flocoumafen		**Rodenticide**
印楝素	azadirachtin	4/12 小時	**IRAC** un; **Nematicide** N-UNE
吐酒石	tartar emetic		**IRAC** 8E
合芬寧 ⟨⟩	halfenprox		**IRAC** 3A
合速隆	halosulfuron-methyl	12 小時	**HRAC** 2
合賽多 ⟨⟩	hexythiazox	12 小時	**IRAC** 10A
因得克	indoxacarb	12 小時	**IRAC** 22A
因滅汀 ⟨⟩	emamectin benzoate	12/48 小時	**IRAC** 6； **Nematicide** N-2
多保淨	thiophanate		**FRAC** B1, 1
多寧	dodine	48 小時	**FRAC** un, U12
好達勝 ⟨!⟩	aluminium phosphide		**IRAC** 24A
安丹 ⟨⟩	propoxur		**IRAC** 1A
安美加	aminocarb		**IRAC** 1A
安美速 ⟨⟩	amisulbrom	12 小時	**FRAC** C4, 21
安殺番	endosulfan		**IRAC** 2A
托福松 ⟨!⟩	terbufos	48 小時	**IRAC** 1B; **Nematicide** N-1B
百里酚	thymol		**IRAC** UN
百克敏	pyraclostrobin	12 小時	**FRAC** C3, 11

中文普通名	英文普通名	限制進入	作用機制分類
百利普芬	pyriproxyfen	12 小時	IRAC 7C
百快隆	pyroquilon		FRAC I1, 16.1
百速隆	pyrazosulfuron-ethyl		HRAC 2
百蟎克	binapacryl		FRAC C5, 29
百滅寧 ⬦	permethrin	12 小時	IRAC 3A
西殺草	sethoxydim	12 小時	HRAC 1
西脫蟎	benzoximate	12 小時	IRAC un
西速隆	cinosulfuron		HRAC 2
伽瑪賽洛寧	cyhalothrin, gamma-	24 小時	IRAC 3A
肟乙酸酯類	oximino acetates		FRAC C3, 11
佈飛松	profenofos	12 小時	IRAC 1B
佈滅淨	prometryn	12/24 小時	HRAC 5
佈嘉信	butocarboxim		IRAC 1A
克凡派	chlorfenapyr	12 小時	IRAC 13
克收欣 ⬦	kresoxim-methyl	12 小時	FRAC C3, 11
克芬蟎	clofentezine	12 小時	IRAC 10A
克枯爛	tecloftalam		FRAC un, 34
克草	bromacil		HRAC 5
克普草	clomeprop		HRAC 4
克氯得	chlozolinate		FRAC E3, 2
克絕	cymoxanil	12 小時	FRAC un, 27

限制進入：農藥施作後，在此限制時間內，禁止無防護裝備人員進入農藥
施作區域。

中文普通名	英文普通名	限制進入	作用機制分類
克福隆 ⬖	chlorfluazuron		**IRAC** 15
克熱淨	iminoctadine triacetate		**FRAC** M07
克熱淨 (烷苯磺酸鹽)	iminoctadine tris (albesilate)		**FRAC** M07
免克寧 ⬖	vinclozolin		**FRAC** E3, 2
免扶克	benfuracarb	**24** 小時	**IRAC** 1A
免得爛 ⬖	metiram complex	**24** 小時	**FRAC** M03
免速隆	bensulfuron-methyl	**24** 小時	**HRAC** 2
免速達	bensultap	**12** 小時	**IRAC** 14
免敵克	bendiocarb	**12** 小時	**IRAC** 1A
免賴得 ⬖	benomyl	**24** 小時	**FRAC** B1, 1
快伏草 ⬖	quizalofop-P-ethyl	**12** 小時	**HRAC** 1
快克草	quinclorac	**12/48** 小時	**HRAC** 4
快得寧	oxine-copper		**FRAC** M01
快諾芬 ⬖	quinoxyfen	**12** 小時	**FRAC** E1, 13
扶吉胺	fluazinam	**12** 小時	**FRAC** C5, 29
汰芬隆	diafenthiuron		**IRAC** 12A
汰草滅	dimethenamid	**12** 小時	**HRAC** 15
汰草龍	daimuron		**HRAC** 0
汰硫草	dithiopyr	**12** 小時	**HRAC** 3
谷速松 ⚠	azinphos-methyl	**>7** 天	**IRAC** 1B

中文普通名	英文普通名	限制進入	作用機制分類
貝芬替	carbendazim	**24** 小時	**FRAC** B1, 1
亞托敏	azoxystrobin	**4** 小時	**FRAC** C3, 11
亞汰尼	isotianil		**FRAC** P03
亞汰草	alloxydim-sodium		**HRAC** 1
亞芬松	isofenphos		**IRAC** 1B
亞派占	isopyrazam		**FRAC** C2, 7
亞烈寧	allethrin	**12** 小時	**IRAC** 3A
亞特松	pirimiphos-methyl	**12** 小時	**IRAC** 1B
亞素靈 ⚠	monocrotophos		**IRAC** 1B
亞培松	temephos		**IRAC** 1B
亞速隆	ethoxysulfuron		**HRAC** 2
亞速爛	asulam	**12** 小時	**HRAC** 18
亞喜芬	acifluorfen	**48** 小時	**HRAC** 14
亞滅培	acetamiprid	**12** 小時	**IRAC** 4A
亞滅寧	cypermethrin, alpha-	**12** 小時	**IRAC** 3A
亞賜圃	isoprothiolane		**FRAC** F2, 6
亞醌蟎	acequinocyl	**12** 小時	**IRAC** 20B
亞磷酸	phosphorous acid	**3/4** 小時	**FRAC** un, 33
依芬寧 ⬥	etofenprox	**12** 小時	**IRAC** 3A
依得利	etridiazole		**FRAC** F3, 14
依殺松	isazofos		**IRAC** 1B

限制進入：農藥施作後，在此限制時間內，禁止無防護裝備人員進入農藥施作區域。

中文普通名	英文普通名	限制進入	作用機制分類
依殺蟎	etoxazole	**12** 小時	**IRAC** 10B
依速隆	imazosulfuron	**12** 小時	**HRAC** 2
依普同 ◈	iprodione	**12/24** 小時	**FRAC** E3, 2; **Nematicide** N-UN
依普座 ◈	epoxiconazole		**FRAC** G1, 3
依滅列 ◈	imazalil		**FRAC** G1, 3
依滅草	imazapyr	**48** 小時	**HRAC** 2
依瑞莫	ethirimol		**FRAC** A2, 8
固殺草 ◈	glufosinate-ammonium	**12** 小時	**HRAC** 10
拉草 ◈	alachlor	**12** 小時	**HRAC** 15
披扶座	pefurazoate	**12** 小時	**FRAC** G1, 3
拔敵草	butylate	**12** 小時	**HRAC** 15
易胺座	imibenconazole		**FRAC** G1, 3
欣克草	thenylchlor		**HRAC** 15
波爾多	Bordeaux mixture	**48** 小時	**FRAC** M01
治滅寧	tetramethrin		**IRAC** 3A
治滅蝨	metolcarb		**IRAC** 1A
矽藻土	diatomaceous earth		**IRAC** UNM; 免登資材
矽護芬 ◈	silafluofen	**12** 小時	**IRAC** 3A
芬化利	fenvalerate		**IRAC** 3A
芬佈賜 ◇ ◈	fenbutatin oxide	**48** 小時	**IRAC** 12B

中文普通名	英文普通名	限制進入	作用機制分類
芬克座	fenbuconazole	**12** 小時	**FRAC** G1, 3
芬殺松	fenthion	**24** 小時	**IRAC** 1B
芬殺草	fenoxaprop-ethyl		**HRAC** 1
芬殺蟎	fenazaquin	**12** 小時	**IRAC** 21A
芬普尼	fipronil	**24** 小時	**IRAC** 2B
芬普寧 ⚠	fenpropathrin	**24** 小時	**IRAC** 3A
芬普福	fenpropimorph		**FRAC** G2, 5
芬普蟎 ⚠	fenpyroximate	**12** 小時	**IRAC** 21A
芬滅松 ⚠	fenamiphos	**48** 小時	**Nematicide** N-1B
芬瑞莫 ☣	fenarimol	**12** 小時	**FRAC** G1, 3
芬諾尼	fenoxanil		**FRAC** I2, 16.2
芬諾克 ☣	fenoxycarb		**IRAC** 7B
阿巴汀 ⚠	abamectin	**12** 小時	**IRAC** 6; **Nematicide** N-2
阿扶平	afidopyropen		**IRAC** 9D
阿納寧	acrinathrin		**IRAC** 3A
苦楝油	neem oil		**IRAC** UNE
保米黴素 ⚠	blasticidin-S		**FRAC** D2, 23
保粒黴素丁	polyoxorim		**FRAC** H4, 19
保粒黴素甲	polyoxins	**4** 小時	**FRAC** H4, 19
剋安勃 ☣	chlorantraniliprole	**4** 小時	**IRAC** 28

限制進入：農藥施作後，在此限制時間內，禁止無防護裝備人員進入農藥施作區域。

中文普通名	英文普通名	限制進入	作用機制分類
剋草同	clethodim	**24** 小時	**HRAC** 1
待克利	difenoconazole	**12** 小時	**FRAC** G1, 3
拜裕松 ◈	quinalphos		**IRAC** 1B
施得圃 ◈	pendimethalin	**12** 小時	**HRAC** 3
枯草桿菌	*Bacillus subtilis*	**4** 小時	**FRAC** F6, 44
特安勃	tetraniliprole	**12** 小時	**IRAC** 28
氟大滅 ◈	flubendiamide	**12** 小時	**IRAC** 28
氟比來	fluopicolide	**12** 小時	**FRAC** B5, 43
氟丙酸	flupropanate-sodium		**HRAC** 15
氟尼胺	flonicamid	**12** 小時	**IRAC** 29
氟克殺	fluxapyroxad	**12** 小時	**FRAC** C2, 7
氟芬隆 ◈	flufenoxuron		**IRAC** 15
氟美派	triflumezopyrim		**IRAC** 4E
氟派瑞	fluopyram	**12** 小時	**FRAC** C2, 7; **Nematicide** N-3
氟速芬	fluensulfone	**12** 小時	**Nematicide** N-UN
氟硫滅	flusulfamide		**FRAC** un, 36
氟氯比	fluroxypyr-meptyl	**24** 小時	**HRAC** 4
派本克	pyribencarb		**FRAC** C3, 11
派伏利	pyriftalid		**HRAC** 2
派芬農	pyriofenone		**FRAC** B6, 50

中文索引

ㄅㄆㄇ

中文普通名	英文普通名	限制進入	作用機制分類
派美尼	pyrimethanil	12 小時	**FRAC** D1, 9
派滅芬	pydiflumetofen		**FRAC** C2, 7
派滅淨 ⬥	pymetrozine	12 小時	**IRAC** 9B
美文松	mevinphos		**IRAC** 1B
美速隆	metazosulfuron		**HRAC** 2
美氟綜 ⬥	metaflumizone	12 小時	**IRAC** 22B
美賜平	methoprene	4 小時	**IRAC** 7A
耐克螺	niclosamide		**Molluscicide**
飛達松 ⚠	heptenophos		**IRAC** 1B
倍尼芬	benfluralin	12 小時	**HRAC** 3
海藻多糖	aminarin		**FRAC** P4
座賽胺	zoxamide	48 小時	**FRAC** B2, 22
氧化亞銅	cuprous oxide	48 小時	**FRAC** M01
泰滅寧	tralomethrin		**IRAC** 3A
益化利	esfenvalerate	12 小時	**IRAC** 3A
益斯普	ethiprole		**IRAC** 2B
益發靈	dichlofluanid		**FRAC** M06
益滅松	phosmet	>3 天 ~7 天	**IRAC** 1B
益達胺	imidacloprid	12 小時	**IRAC** 4A
益穗	ziram		**FRAC** M03
納乃得 ⚠	methomyl	2-4 天	**IRAC** 1A

限制進入：農藥施作後，在此限制時間內，禁止無防護裝備人員進入農藥
施作區域。

中文普通名	英文普通名	限制進入	作用機制分類
脂肪酸鹽類 (甘油或丙二醇脂肪酸單酯)	salts of fatty acids	12 小時	IRAC UNE；免登資材
草芬定	azafenidin		HRAC 14
草殺淨	ametryn	12 小時	HRAC 5
草脫淨 ◈	atrazine	12 小時	HRAC 5
草滅淨	simazine	12/48 小時	HRAC 5
除草靈	propanil	24 小時	HRAC 5
除蟲菊精	pyrethrins	12 小時	IRAC 3A
馬拉松 ◈	malathion	12 小時 ~ 2 天	IRAC 1B
高嶺土	kaolin clay	4 小時	免登資材
甜菜夜蛾核多角體病毒	*Spodoptera exigua* NPV		IRAC 31
速殺氟	sulfoaflor	12/24 小時	IRAC 4C
曼普胺	mandipropamid	4 小時	FRAC H5, 40
培丹	cartap		IRAC 14
密滅汀	milbemectin	12 小時	IRAC 6
得伐鼠 ⟨!⟩	diphacinone		Rodenticide
得克利	tebuconazole	12 小時 / 5 天	FRAC G1, 3
得拉本	dalapon-sodium		HRAC 15
得芬瑞	tebufenpyrad	12 小時	IRAC 21A
得芬諾	tebufenozide	4 小時	IRAC 18

中文索引 ㄅ ㄆ

中文普通名	英文普通名	限制進入	作用機制分類
得恩地 ◈	thiram	24 小時	FRAC M03
得殺草 ◈	tepraloxydim	12 小時	HRAC 1
得脫蟎	tetradifon		IRAC 12D
得福隆	teflubenzuron	6 小時	IRAC 15
殺丹	thiobencarb	24 小時	HRAC 15
殺克丹成分之一	fluothiuron		HRAC 5
殺芬草	saflufenacil	12 小時	HRAC 14
殺紋寧	hymexazol	12 小時	FRAC A3, 32
殺鼠靈 ⚠ ◈	warfarin		Rodenticide
腈硫醌	dithianon		FRAC M09
萘普草	naproanilide		HRAC 15
氫氧化銅 ⚠ ◈	copper hydroxide	48 小時	FRAC M01
理有龍 ◈	linuron	24 小時	HRAC 5
畢克草	clopyralid	12 小時	HRAC 4
畢汰芬	pyrimidifen		IRAC 21A
畢拉草	bilanafos		HRAC 10
畢芬寧 ◈	bifenthrin	12 小時	IRAC 3A
畢達本	pyridaben	12 小時	IRAC 21A
硫伐隆 ⚠	thiofanox		IRAC 1A
硫滅松 ⚠	thiometon		IRAC 1B
硫酸銅	copper sulfate	48 小時	FRAC M01

限制進入：農藥施作後，在此限制時間內，禁止無防護裝備人員進入農藥施作區域。

中文普通名	英文普通名	限制進入	作用機制分類
硫敵克 ⬧	thiodicarb	12/48 小時	**IRAC** 1A; **Nematicide** N-1A
硫賜安	thiocyclam hydrogen oxalate		**IRAC** 14
硫醯氟	sulfuryl fluoride	24 小時	**IRAC** 8C
第滅寧 ⬧	deltamethrin	12 小時	**IRAC** 3A
脫禾草	MCPA-thioethyl	48 小時	**HRAC** 4
脫克松	tolclofos-methyl		**FRAC** F3, 14
脫芬瑞 ⬧	tolfenpyrad	12 小時	**IRAC** 21A; **FRAC** C1, 39
莫多草	metolachlor	24 小時	**HRAC** 15
陶斯松	chlorpyrifos	3-5 天	**IRAC** 1B
魚藤精	rotenone	4 小時	**IRAC** 21B
傑他賽滅寧	cypermethrin, zeta-	12 小時	**IRAC** 3A
富米綜	ferimzone		**FRAC** un, U14
富爾邦	ferbam		**FRAC** M03
幾丁質	chitin		**Nematicide** N-UNE; 免登資材
復祿芬 ⬧	oxyfluorfen	24 小時	**HRAC** 14
斯美地 ⬧	metam-sodim metam-potassium	5 天	**HRAC** 0; **Nematicide** N-UNX
普伏松 ⚠ ⬧	ethoprophos	48 小時	**Nematicide** N-1B

中文普通名	英文普通名	限制進入	作用機制分類
普克利 ◈	propiconazole	**12** 小時	**FRAC** G1, 3
普快淨	proquinazid		**FRAC** E1, 13
普拉草	pretilachlor		**HRAC** 15
普拔克	propamocarb hydrochloride	**12** 小時	**FRAC** F4, 28
普拔根	propazine	**24** 小時	**HRAC** 5
普拔草	propaquizafop		**HRAC** 1
普芬草	pyrazoxyfen		**HRAC** 27
普硫松 ◈	prothiofos	**48** 小時	**IRAC** 1B
黑殭菌	*Metarhizium anisopliae*		**IRAC** UNF
棘孢木黴菌	*Trichoderma asperellum*		**FRAC** BM02
氯化苦 ◈	chloropicrin	**48** 小時	**IRAC** 8B; **Nematicide** N-UNX
氯芬松 ◈	chlorfenvinphos		**IRAC** 1B
菲克利	hexaconazole		**FRAC** G1, 3
菲殺淨	hexazinone	**24-48** 小時	**HRAC** 5
蒜油	garlic oil	**4** 小時	免登資材
蒜萃取	garlic extract		**IRAC** UN; **Nematicide** N-UNE
鈉得爛	naptalam	**48** 小時	**HRAC** 19
開抑草成分之一	bensulide		**HRAC** 15

限制進入：農藥施作後，在此限制時間內，禁止無防護裝備人員進入農藥施作區域。

中文普通名	英文普通名	限制進入	作用機制分類
氰乃松	cyanophos		**IRAC** 1B
氰乃淨	cyanazine		**HRAC** 5
愛殺松	ethion	**2-5**天	**IRAC** 1B
愛速隆	isouron		**HRAC** 5
愛落殺成分之一	dimethametryn		**HRAC** 5
愛落殺成分之一	piperophos		**HRAC** 15
新殺蟎	bromopropylate		**IRAC** un
滅大松 ⚠	methidathion	**48**小時/**3**天	**IRAC** 1B
滅加松 ⚠	mecarbam		**IRAC** 1B
滅必淨 ⬦	metribuzin	**12**小時	**HRAC** 5
滅必蝨	isoprocarb		**IRAC** 1A
滅多松 ⚠	oxydemeton-methyl	**48**小時	**IRAC** 1B
滅克蝨	XMC		**IRAC** 1A
滅芬草	mefenacet		**HRAC** 15
滅芬農	metrafenone	**12**小時	**FRAC** un13, U8
滅芬諾	methoxyfenozide	**4**小時	**IRAC** 18
滅派林 ⬦	mepanipyrim		**FRAC** D1, 9
滅特座	metconazole	**12**小時	**FRAC** G1, 3
滅草胺	metazachlor		**HRAC** 15
滅脫定	ametoctradin	**12**小時	**FRAC** C8, 45
滅速克	methasulfocarb		**FRAC** un, 42

中文普通名	英文普通名	限制進入	作用機制分類
滅普寧	mepronil		**FRAC** C2, 7
滅落脫	napropamide	**24** 小時	**HRAC** 15
滅達樂	metalaxyl	**24** 小時	**FRAC** A1, 4
滅爾蝨	xylylcarb		**IRAC** 1A
滅線蟲	DCIP		**Nematicide**
滅賜克 ⚠	methiocarb	**24** 小時	**IRAC** 1A
滅賜松 ⚠	demeton-S-methyl		**IRAC** 1B
溴化甲烷	methyl bromide		**IRAC** 8A
溴克座	bromuconazole		**FRAC** G1, 3
溴芬諾成分之一	bromobutide		**HRAC** 0
硼砂 ◈	borax		**IRAC** 8D
祿芬隆 ◈	lufenuron	**2** 天	**IRAC** 15
裕必松	phosalone		**IRAC** 1B
達有龍 ◈	diuron	**12** 小時	**HRAC** 5
達克利	diniconazole-M		**FRAC** G1, 3
達特南	dinotefuran	**12** 小時	**IRAC** 4A
達馬松 ⚠	methamidophos	**48** 小時	**IRAC** 1B
達滅芬	dimethomorph	**12/24** 小時	**FRAC** H5, 40
達滅淨	diclomezine		**FRAC** un, 37
達滅鼠 ⚠ ◈	difenthialone		**Rodenticide**

限制進入：農藥施作後，在此限制時間內，禁止無防護裝備人員進入農藥
施作區域。

中文普通名	英文普通名	限制進入	作用機制分類
碳酸氫鈉	sodium hydrogen carbonate		免登資材（殺菌劑）
嘉保信	oxycarboxin		**FRAC** C2, 7
嘉賜黴素	kasugamycin	**12** 小時	**FRAC** D3, 24
嘉磷塞 ◆	glyphosate	**4** 小時	**HRAC** 9
嘉磷塞三甲基硫鹽 ◆	glyphosate-trimesium	**4** 小時	**HRAC** 9
嘉磷塞胺鹽 ◆	glyphosate-ammonium	**4** 小時	**HRAC** 9
嘉磷塞異丙胺鹽 ◆	glyphosate-isopropylammonium	**4** 小時	**HRAC** 9
福化利	tau-fluvalinate	**12** 小時	**IRAC** 3A
福木松	formothion	**48** 小時	**IRAC** 1B
福多寧	flutolanil	**12** 小時	**FRAC** C2, 7
福拉比	furametpyr		**FRAC** C2, 7
福瑞松 ⟨!⟩	phorate	**48** 小時	**IRAC** 1B
福賜米松 ⟨!⟩	phosphamidon		**IRAC** 1B
福爾培	folpet		**FRAC** M04
福賽得	fosetyl-aluminium	**12** 小時	**FRAC** un, 33
福賽絕	fosthiazate	**7** 天	**Nematicide** N-1B
維利黴素	validamycin A		**FRAC** H3, 26
聚乙醛	metaldehyde	**12** 小時	**Molluscicide**
腐絕	thiabendazole	**12** 小時	**FRAC** B1, 1

中文索引 ㄅ ㄆ ㄇ

中文普通名	英文普通名	限制進入	作用機制分類
滴滴涕	DDT		**IRAC** 3B
蒜油	garlic oil	**4** 小時	免登資材
蒜萃取	garlic extract	**4** 小時	**IRAC** UN; **Nematicide** N-UNE; 免登資材
蓋普丹	captan	**24** 小時	**FRAC** M04
賓克隆	pencycuron		**FRAC** B4, 20
摩朗得酒石酸鹽	morantel tartrate		**Nematicide**
撲克拉	prochloraz		**FRAC** G1, 3
撲殺熱	probenazole		**FRAC** P2
撲滅松 ◈	fenitrothion	**48** 小時 / **3** 天	**IRAC** 1B
撲滅芬成分之一	phenothrin	**12** 小時	**IRAC** 3A
撲滅鼠	bromadiolone	**12** 小時	**Rodenticide**
撲滅寧 ◈	procymidone		**FRAC** E3, 2
撲奪草	metobromuron		**HRAC** 5
樂滅草 ◈	oxadiazon	**12** 小時	**HRAC** 14
歐西比	oxathiapiprolin	**12** 小時	**FRAC** F9, 49
歐索林酸	oxolinic acid		**FRAC** A4, 31
毆殺松	acephate	**24** 小時	**IRAC** 1B
毆殺斯	oxadixyl	**12** 小時	**FRAC** A1, 4
毆殺滅 ⚠	oxamyl	**48** 小時	**IRAC** 1A; **Nematicide** N-1A

限制進入：農藥施作後，在此限制時間內，禁止無防護裝備人員進入農藥施作區域。

中文普通名	英文普通名	限制進入	作用機制分類
毆滅松 ⚠ ☣	omethoate	9/17 天	IRAC 1B
毆蟎多 ☣ ☣	propargite	2-5 天	IRAC 12C
熱必斯	phthalide		FRAC I1, 16.1
稻得壯 ☣	molinate	24 小時	HRAC 15
賜派芬 ☣	spirodiclofen	12 小時	IRAC 23
賜派滅	spirotetramat	24 小時	IRAC 23; Nematicide N-4
賜滅芬	spiromesifen	12 小時	IRAC 23
賜諾特	spinetoram	4 小時	IRAC 5
賜諾殺	spinosad	4 小時	IRAC 5
鋅錳乃浦 ☣	mancozeb	24 小時	FRAC M03
撻乃安	dinitramine		HRAC 3
蕈狀芽孢桿菌	*Bacillus mycoides* AGB01	4 小時	FRAC P6
諾伐隆	novaluron	12 小時	IRAC 15
錳乃浦 ☣	maneb	24 小時	FRAC M03
磷化氫	phosphine		IRAC 24A
磷酸鈣	calcium phosphide		IRAC 24A
獲賜松	isothioate		IRAC 1B
環克座 ☣	cyproconazole	12 小時	FRAC G1, 3
環殺草	cycloxydim		HRAC 1
環磺隆	cyclosulfamuron		HRAC 2

中文索引
ㄅ
ㄆ
ㄇ

中文普通名	英文普通名	限制進入	作用機制分類
繁米松 ⚠	vamidothion		**IRAC** 1B
蟎離丹 ◈	chinomethionat		**IRAC** un; **FRAC** M10
賽安勃	cyantraniliprole	**12** 小時	**IRAC** 28
賽扶寧 ⚠	cyfluthrin	**12** 小時	**IRAC** 3A
賽扶寧, 貝他 ⚠	cyfluthrin, -beta	**12** 小時	**IRAC** 3A
賽果培 ◈	thiacloprid	**12** 小時	**IRAC** 4A
賽芬胺	cyflufenamid	**4** 小時	**FRAC** un, U6
賽芬蟎	cyflumetofen	**12** 小時	**IRAC** 25A
賽派芬	cyenopyrafen	**12** 小時	**IRAC** 25A
賽氟滅	thifluzamide		**FRAC** C2, 7
賽洛寧 ⚠ ◈	cyhalothrin, lambda-	**24** 小時	**IRAC** 3A
賽座滅	cyazofamid	**12** 小時	**FRAC** C4, 21
賽速安	thiamethoxam	**12** 小時	**IRAC** 4A
賽普洛	cyprodinil	**12** 小時	**FRAC** D1, 9
賽滅淨	cyromazine	**12** 小時	**IRAC** 17
賽滅寧	cypermethrin	**12** 小時	**IRAC** 3A
賽達松	phenthoate		**IRAC** 1B
賽福座 ◈	triflumizole	**12** 小時	**FRAC** G1, 3
賽福寧	triforine		**FRAC** G1, 3
邁克尼	myclobutanil	**24** 小時	**FRAC** G1, 3

限制進入：農藥施作後，在此限制時間內，禁止無防護裝備人員進入農藥施作區域。

中文普通名	英文普通名	限制進入	作用機制分類
邁隆	dazomet	**14** 天	**IRAC** 8F; **HRAC** 0; **Nematicide** N-UNX
覆滅蟎 ⟨!⟩	formetanate	**24** 小時 / **6-10** 天	**IRAC** 1A
雙特松 ⟨!⟩	dicrotophos	**48** 小時	**IRAC** 1B
鏈黴素	streptomycin	**12** 小時	**FRAC** D4, 25
鏈黴素屬	Streptomyces spp.		**FRAC** BM02; **Nematicide** N-UNB
礦物油	petroleum oils	**4** 小時	**FRAC** NC
蘇力菌鮎澤亞種	*Bacillus thuringiensis aizawai*	**4** 小時	**IRAC** 11A
蘇力菌庫斯亞種	*Bacillus thuringiensis kurstaki*	**4** 小時	**IRAC** 11A
護汰芬	flutriafol	**12** 小時	**FRAC** G1, 3
護汰寧	fludioxonil	**12** 小時	**FRAC** E2, 12
護矽得 ⟨◆⟩	flusilazole		**FRAC** G1, 3
護粒松	edifenphos		**FRAC** F2, 6
護賽寧	flucythrinate		**IRAC** 3A
鹼性氯氧化銅	copper oxychloride	**48** 小時	**FRAC** M01

中文索引 ㄏ ㄨ ㄇ

英文普通名	中文普通名	限制進入	作用機制分類
2,4-D	二四地	**48** 小時	**HRAC** 4
abamectin ⚠	阿巴汀	**12** 小時	**IRAC** 6; **Nematicide** N-2
acephate	毆殺松	**24** 小時	**IRAC** 1B
acequinocyl	亞醌蟎	**12** 小時	**IRAC** 20B
acetamiprid	亞滅培	**12** 小時	**IRAC** 4A
acifluorfen	亞喜芬	**48** 小時	**HRAC** 14
acrinathrin	阿納寧		**IRAC** 3A
afidopyropen	阿扶平		**IRAC** 9D
alachlor ⬨	拉草	**12** 小時	**HRAC** 15
aldicarb			**Nematicide** N-1A
allethrin	亞烈寧	**12** 小時	**IRAC** 3A
alloxydim-sodium	亞汰草		**HRAC** 1
aluminium phosphide ⚠	好達勝		**IRAC** 24A
ametoctradin	滅脫定	**12** 小時	**FRAC** C8, 45
ametryn	草殺淨	**12** 小時	**HRAC** 5
aminarin	海藻多糖		**FRAC** P4
aminocarb	安美加		**IRAC** 1A
amisulbrom ⬨	安美速	**12** 小時	**FRAC** C4, 21
amitraz	三亞蟎	**>48** 小時	**IRAC** 19

限制進入：農藥施作後，在此限制時間內，禁止無防護裝備人員進入農藥
施作區域。

英文普通名	中文普通名	限制進入	作用機制分類
asulam	亞速爛	12 小時	HRAC 18
atrazine ◈	草脫淨	12 小時	HRAC 5
azadirachtin	印楝素	4/12 小時	IRAC un; Nematicide N-UNE
azafenidin	草芬定		HRAC 14
azinphos-methyl ◇	谷速松	> 7 天	IRAC 1B
azocyclotin	亞環錫		IRAC 12B
azoxystrobin	亞托敏	4 小時	FRAC C3, 11
Bacillus amyloliquefaciens	液化澱粉芽孢桿菌		FRAC BM02
Bacillus mycoides AGB01	蕈狀芽孢桿菌	4 小時	FRAC P6
Bacillus subtilis	枯草桿菌	4 小時	FRAC F6, 44
Bacillus thuringiensis subsp. *aizawai*	蘇力菌鮎澤亞種	4 小時	IRAC 11A
Bacillus thuringiensis subsp. *kurstaki*	蘇力菌庫斯亞種	4 小時	IRAC 11A
Beauveria bassiana strains	白殭菌		IRAC UNF
benalaxyl	本達樂	12 小時	FRAC A1, 4
benalaxyl-M	右本達樂	12 小時	FRAC A1, 4
bendiocarb	免敵克	12 小時	IRAC 1A
benfluralin	倍尼芬	12 小時	HRAC 3
benfuracarb	免扶克	24 小時	IRAC 1A; Nematicide N-1A

英文普通名	中文普通名	限制進入	作用機制分類
benomyl ◈	免賴得	**24** 小時	**FRAC** B1, 1
bensulfuron-methyl	免速隆	**24** 小時	**HRAC** 2
bensulide	開抑草成分之一		**HRAC** 15
bensultap	免速達	**12** 小時	**IRAC** 14
bentazon	本達隆	**48** 小時	**HRAC** 6
benzoximate	西脫蟎	**12** 小時	**IRAC** un
bifenazate	必芬蟎	**4/12** 小時	**IRAC** un
bifenox	必芬諾		**HRAC** 14
bifenthrin ◈	畢芬寧	**12** 小時	**IRAC** 3A
bilanafos	畢拉草		**HRAC** 10
binapacryl	百蟎克		**FRAC** C5, 29
bitertanol	比多農		**FRAC** G1, 3
blasticidin-S ⚠	保米黴素		**FRAC** D2, 23
borax ◈	硼砂		**IRAC** 8D
Bordeaux mixture	波爾多	**48** 小時	**FRAC** M01
boscalid	白克列	**12** 小時	**FRAC** C2, 7
brodifacoum ⚠ ◈	可滅鼠	**12/ 72** 小時	**Rodenticide**
bromacil	克草		**HRAC** 5
bromadiolone ⚠ ◈	撲滅鼠	**12** 小時	**Rodenticide**
bromobutide	溴芬諾成分之一		**HRAC** 0
bromopropylate	新殺蟎		**IRAC** un

限制進入：農藥施作後，在此限制時間內，禁止無防護裝備人員進入農藥施作區域。

英文普通名	中文普通名	限制進入	作用機制分類
bromuconazole	溴克座		**FRAC** G1, 3
bupirimate	布瑞莫		**FRAC** A2, 8
buprofezin	布芬淨	**12** 小時	**IRAC** 16
butachlor 〈※〉	丁基拉草		**HRAC** 15
butocarboxim	佈嘉信		**IRAC** 1A
butralin	比達寧	**12** 小時	**HRAC** 3
butylate	拔敵草	**12** 小時	**HRAC** 15
calcium phosphide	磷酸鈣		**IRAC** 24A
calcium polysulfide (lime sulfur)	石灰硫黃	**48** 小時	**FRAC** M02 **IRAC** un
captafol	四氯丹		**FRAC** M04
captan	蓋普丹	**24** 小時	**FRAC** M04
carbaryl 〈※〉	加保利	**12** 小時	**IRAC** 1A
carbendazim 〈※〉	貝芬替	**24** 小時	**FRAC** B1, 1
carbofuran 〈!〉	加保扶	**3-6** 天	**IRAC** 1A; **Nematicide** N-1A
carbon disulfide	二硫化碳		**Nematicide** N-UNX
carbosulfan 〈!〉	丁基加保扶		**IRAC** 1A; **Nematicide** N-1A
carfentrazone-ethyl	乙基克繁草	**12** 小時	**HRAC** 14
carpropamid	加普胺		**FRAC** I2, 16.2
cartap	培丹		**IRAC** 14

英文索引

ABC

英文普通名	中文普通名	限制進入	作用機制分類
Chenopodium ambrosioides near ambrosioides extract	土荊芥萃取物		**IRAC** UNE; 免登資材
chinomethionat ◈	蟎離丹		**IRAC** un; **FRAC** M10
chitin	幾丁質		**Nematicide N-UNE**; 免登資材
chlomethoxynil	甲氧基護谷		**HRAC** 14
chlorantraniliprole ◈	剋安勃	**4** 小時	**IRAC** 28
chlorfenapyr	克凡派	**12** 小時	**IRAC** 13
chlorfenvinphos ◈	氯芬松		**IRAC** 1B
chlorfluazuron ◈	克福隆		**IRAC** 15
chlorophacinone ◈	可伐鼠		**Rodenticide**
chloropicrin ◈	氯化苦	**48** 小時	**IRAC** 8B; **Nematicide N-UNX**
chlorothalonil ◈	四氯異苯腈	**12/48** 小時	**FRAC** M05
chlorpyrifos	陶斯松	**3-5** 天	**IRAC** 1B
chlorthal-dimethyl	大克草	**12** 小時	**HRAC** 3
chlozolinate	克氯得		**FRAC** E3, 2
chromafenozide	可芬諾		**IRAC** 18
cinosulfuron	西速隆		**HRAC** 2
clethodim	剋草同	**24** 小時	**HRAC** 1
clofentezine	克芬蟎	**12** 小時	**IRAC** 10A

限制進入：農藥施作後，在此限制時間內，禁止無防護裝備人員進入農藥施作區域。

英文普通名	中文普通名	限制進入	作用機制分類
clomazone	可滅蹤	12 小時	HRAC 13
clomeprop	克普草		HRAC 4
clopyralid	畢克草	12 小時	HRAC 4
clothianidin	可尼丁	12 小時	IRAC 4A
copper hydroxide ⟨!⟩ ⟨⚠⟩	氫氧化銅	48 小時	FRAC M01
copper oxychloride	鹼性氯氧化銅	48 小時	FRAC M01
copper sulfate	硫酸銅	48 小時	FRAC M01
cuprous oxide	氧化亞銅	48 小時	FRAC M01
cyanazine	氰乃淨		HRAC 5
cyanophos	氰乃松		IRAC 1B
cyantraniliprole	賽安勃	12 小時	IRAC 28
cyazofamid	賽座滅	12 小時	FRAC C4, 21
cyclosulfamuron	環磺隆		HRAC 2
cycloxydim	環殺草		HRAC 1
cyenopyrafen	賽派芬	12 小時	IRAC 25A
cyflufenamid	賽芬胺	4 小時	FRAC un, U6
cyflumetofen	賽芬蟎	12 小時	IRAC 25A
cyfluthrin ⟨!⟩	賽扶寧	12 小時	IRAC 3A
cyfluthrin, beta- ⟨!⟩	貝他賽扶寧	12 小時	IRAC 3A
cyhalofop-butyl	丁基賽伏草	12 小時	HRAC 1
cyhalothrin, gamma-	伽瑪賽洛寧	24 小時	IRAC 3A

英文普通名	中文普通名	限制進入	作用機制分類
cyhalothrin, lambda- ⟨!⟩ ⬥	賽洛寧	**24** 小時	**IRAC** 3A
cyhexatin	錫蟎丹		**IRAC** 12B
cymoxanil	克絕	**12** 小時	**FRAC** un, 27
cypermethrin	賽滅寧	**12** 小時	**IRAC** 3A
cypermethrin, alpha-	亞滅寧	**12** 小時	**IRAC** 3A
cypermethrin, zeta-	傑他賽滅寧	**12** 小時	**IRAC** 3A
cyproconazole ⬥	環克座	**12** 小時	**FRAC** G1, 3
cyprodinil	賽普洛	**12** 小時	**FRAC** D1, 9
cyromazine	賽滅淨	**12** 小時	**IRAC** 17
daimuron	汰草龍		**HRAC** 0
dalapon-sodium	得拉本		**HRAC** 15
dazomet	邁隆	**14** 天	**IRAC** 8F; **HRAC** 0; **Nematicide** N-UNX
DCIP	滅線蟲		**Nematicide**
DDVP	二氯松		**IRAC** 1B
DDT	滴滴涕		**IRAC** 3B
deltamethrin ⬥	第滅寧	**12** 小時	**IRAC** 3A
demeton-S-methyl ⟨!⟩	滅賜松		**IRAC** 1B
diatomaceous earth	矽藻土		**IRAC** UNM; 免登資材
diafenthiuron	汰芬隆		**IRAC** 12A

限制進入：農藥施作後，在此限制時間內，禁止無防護裝備人員進入農藥施作區域。

英文普通名	中文普通名	限制進入	作用機制分類
diazinon	大利松	**2-4** 天	**IRAC** 1B
dichlobenil	二氯苯腈	**12** 小時	**HRAC** 29
dichlofluanid	益發靈		**FRAC** M06
diclomezine	達滅淨		**FRAC** un, 37
dicloran	大克爛		**FRAC** F3, 14
dicofol	大克蟎	**12** 小時 / **87** 天	**IRAC** un
dicrotophos	雙特松	**48** 小時	**IRAC** 1B
difenoconazole	待克利	**12** 小時	**FRAC** G1, 3
difenthialone	達滅鼠		**Rodenticide**
diflubenzuron	二福隆	**12** 小時	**IRAC** 15
diflumetorim	二氟林		**FRAC** C1, 39
dimethametryn	愛落殺成分之一		**HRAC** 5
dimethenamid	汰草滅	**12** 小時	**HRAC** 15
dimethoate	大滅松	**10-14** 天	**IRAC** 1B
dimethomorph	達滅芬	**12/24** 小時	**FRAC** H5, 40
dimethyl disulfide (DMDS)	二甲基二硫		**Nematicide** N-UNX
diniconazole-M	達克利		**FRAC** G1, 3
dinitramine	撻乃安		**HRAC** 3
dinoseb	達諾殺		**HRAC** 24
dinotefuran	達特南	**12** 小時	**IRAC** 4A

英文普通名	中文普通名	限制進入	作用機制分類
diphacinone ⚠	得伐鼠		**Rodenticide**
diphenamid	大芬滅		**HRAC** 15
disulfoton ⚠	二硫松	**48** 小時	**IRAC** 1B; **Nematicide** N-1B
dithianon	腈硫醌		**FRAC** M09
dithiopyr	汰硫草	**12** 小時	**HRAC** 3
diuron ☣	達有龍	**12** 小時	**HRAC** 5
DNOC	二硝基磷甲酚		**IRAC** 13; **HRAC** 24
dodine	多寧	**48** 小時	**FRAC** un, U12
edifenphos ⚠	護粒松		**FRAC** F2, 6
emamectin benzoate ☣	因滅汀	**12/48** 小時	**IRAC** 6; **Nematicide** N-2
endosulfan	安殺番		**IRAC** 2A
epoxiconazole ☣	依普座		**FRAC** G1, 3
esfenvalerate	益化利	**12** 小時	**IRAC** 3A
essential oils	精油		**Nematicide** N-UNE
ethion	愛殺松	**2-5** 天	**IRAC** 1B
ethiprole	益斯普		**IRAC** 2B
ethirimol	依瑞莫		**FRAC** A2, 8
ethoprophos ⚠ ☣	普伏松	**48** 小時	**Nematicide** N-1B
ethoxysulfuron	亞速隆		**HRAC** 2

限制進入：農藥施作後，在此限制時間內，禁止無防護裝備人員進入農藥施作區域。

英文普通名	中文普通名	限制進入	作用機制分類
etofenprox ⬡	依芬寧	**12** 小時	**IRAC** 3A
etoxazole	依殺蟎	**12** 小時	**IRAC** 10B
etridiazole	依得利		**FRAC** F3, 14
famoxadone	凡殺同	**12** 小時	**FRAC** C3, 11
fenamiphos ⬡	芬滅松	**48** 小時	**Nematicide** N-1B
fenarimol ⬡	芬瑞莫	**12** 小時	**FRAC** G1, 3
fenazaquin	芬殺蟎	**12** 小時	**IRAC** 21A
fenbuconazole	芬克座	**12** 小時	**FRAC** G1, 3
fenbutatin oxide ⬡ ⬡	芬佈賜	**48** 小時	**IRAC** 12B
fenitrothion ⬡	撲滅松	**48** 小時 / **3** 天	**IRAC** 1B
fenobucarb	丁基滅必蝨		**IRAC** 1A
fenoxanil	芬諾尼		**FRAC** I2, 16.2
fenoxaprop-ethyl	芬殺草		**HRAC** 1
fenoxycarb ⬡	芬諾克		**IRAC** 7B
fenpropathrin ⬡	芬普寧	**24** 小時	**IRAC** 3A
fenpropimorph	芬普福		**FRAC** G2, 5
fenpyroximate ⬡	芬普蟎	**12** 小時	**IRAC** 21A
fenthion	芬殺松	**24** 小時	**IRAC** 1B
fentin acetate	三苯醋錫		**FRAC** C6, 30
fentin chloride	三苯基氯化錫		**FRAC** C6, 30
fentin hydroxide	三苯羥錫		**FRAC** C6, 30

英文索引
A
B
C

英文普通名	中文普通名	限制進入	作用機制分類
fenvalerate	芬化利		**IRAC** 3A
ferbam	富爾邦		**FRAC** M03
ferimzone	富米綜		**FRAC** un, U14
fipronil	芬普尼	**24** 小時	**IRAC** 2B
flazasulfuron	伏速隆	**12** 小時	**HRAC** 2
flocoumafen ⟨!⟩ ⟨⚠⟩	伏滅鼠		**Rodenticide**
flonicamid	氟尼胺	**12** 小時	**IRAC** 29
florpyranxifen-benzyl	比拉芬		**HRAC** 4
fluazifop-P-butyl ⟨⚠⟩	伏寄普	**12** 小時	**HRAC** 1
fluazinam	扶吉胺	**12** 小時	**FRAC** C5, 29
flubendiamide ⟨⚠⟩	氟大滅	**12** 小時	**IRAC** 28
flucythrinate ⟨!⟩	護賽寧		**IRAC** 3A
fludioxonil	護汰寧	**12** 小時	**FRAC** E2, 12
fluensulfone	氟速芬	**12** 小時	**Nematicide** N-UN
flufenoxuron ⟨⚠⟩	氟芬隆		**IRAC** 15
fluopicolide	氟比來	**12** 小時	**FRAC** B5, 43
fluopyram	氟派瑞	**12** 小時	**FRAC** C2, 7; **Nematicide** N-3
fluothiuron	殺克丹成分之一		**HRAC** 5
flupropanate-sodium	氟丙酸		**HRAC** 15
fluroxypyr-meptyl	氟氯比	**24** 小時	**HRAC** 4

限制進入：農藥施作後，在此限制時間內，禁止無防護裝備人員進入農藥施作區域。

英文普通名	中文普通名	限制進入	作用機制分類
flusilazole ⬨	護矽得		**FRAC** G1, 3
flusulfamide	氟硫滅		**FRAC** un, 36
flutolanil	福多寧	12 小時	**FRAC** C2, 7
flutriafol	護汰芬	12 小時	**FRAC** G1, 3
fluvalinate, tau-	福化利	12 小時	**IRAC** 3A
fluxapyroxad	氟克殺	12 小時	**FRAC** C2, 7
folpet	福爾培		**FRAC** M04
formetanate ⟨!⟩	覆滅蟎	24 小時 / 6-10 天	**IRAC** 1A
formothion	福木松	48 小時	**IRAC** 1B
fosetyl-aluminium	福賽得	12 小時	**FRAC** P07
fosthiazate	福賽絕	7 天	**Nematicide** N-1B
furametpyr	福拉比		**FRAC** C2, 7
garlic oil	蒜油	4 小時	免登資材
garlic extract	蒜萃取		**IRAC** UN; **Nematicide** N-UNE; 免登資材
glufosinate-ammonium ⬨	固殺草	12 小時	**HRAC** 10
glyphosate ⬨	嘉磷塞	4 小時	**HRAC** 9
glyphosate-ammonium ⬨	嘉磷塞胺鹽	4 小時	**HRAC** 9
glyphosate-isopropylammonium ⬨	嘉磷塞異丙胺鹽	4 小時	**HRAC** 9

英文普通名	中文普通名	限制進入	作用機制分類
glyphosate-trimesium	嘉磷塞三甲基硫鹽	4 小時	HRAC 9
halfenprox	合芬寧		IRAC 3A
halosulfuron-methyl	合速隆	12 小時	HRAC 2
haloxyfop-P-methyl	甲基合氯氟		HRAC 1
heptenophos	飛達松		IRAC 1B
hexaconazole	菲克利		FRAC G1, 3
hexazinone	菲殺淨	24/48 小時	HRAC 5
hexythiazox	合賽多	12 小時	IRAC 10A
hymexazol	殺紋寧	12 小時	FRAC A3, 32
imazalil	依滅列		FRAC G1, 3
imazapyr	依滅草	48 小時	HRAC 2
imazosulfuron	依速隆	12 小時	HRAC 2
imibenconazole	易胺座		FRAC G1, 3
imidacloprid	益達胺	12 小時	IRAC 4A
iminoctadine triacetate	克熱淨		FRAC M07
iminoctadine tris (albesilate)	克熱淨(烷苯磺酸鹽)		FRAC M07
indoxacarb	因得克	12 小時	IRAC 22A
inorganic salts	無機鹽		FRAC NC
iprobenfos	丙基喜樂松		FRAC F2, 6

限制進入：農藥施作後，在此限制時間內，禁止無防護裝備人員進入農藥施作區域。

英文普通名	中文普通名	限制進入	作用機制分類
iprodione 〈◇〉	依普同	**12/24** 小時	**FRAC** E3, 2; **Nematicide** N-UN
isazofos	依殺松		**IRAC** 1B
isofenphos	亞芬松		**IRAC** 1B
isoprocarb	滅必蝨		**IRAC** 1A
isoprothiolane	亞賜圃		**FRAC** F2, 6
isopyrazam	亞派占		**FRAC** 7
isothioate	獲賜松		**IRAC** 1B
isotianil	亞汰尼		**FRAC** P03
isouron	愛速隆		**HRAC** 5
isoxathion 〈!〉	加福松		**IRAC** 1B
kaolin clay	高嶺土	**4** 小時	免登資材
kasugamycin	嘉賜黴素	**12** 小時	**FRAC** D3, 24
kayaphos	加護松		**IRAC** 1B
kresoxim-methyl 〈◇〉	克收欣	**12** 小時	**FRAC** C3, 11
lime sulfur	石灰硫黃	**48** 小時	**IRAC** UN
linuron 〈◇〉	理有龍	**24** 小時	**HRAC** 5
lufenuron 〈◇〉	祿芬隆	**2** 天	**IRAC** 15
MAC, calcium methylarsonate	甲基砷酸鈣		**HRAC** 0
malathion 〈◇〉	馬拉松	**12** 小時 ~**2** 天	**IRAC** 1B
mancozeb 〈◇〉	鋅錳乃浦	**24** 小時	**FRAC** M03; **IRAC** UN

英文索引

英文普通名	中文普通名	限制進入	作用機制分類
mandipropamid	曼普胺	4 小時	**FRAC** H5, 40
maneb ⬙	錳乃浦	24 小時	**FRAC** M03
material of biological origin	生物來源的物質		**FRAC** NC
MCPA-thioethyl	脫禾草	48 小時	**HRAC** 4
MCPB-ethyl	加撲草	48 小時	**HRAC** 4
mecarbam ⬙	滅加松		**IRAC** 1B
mefenacet	滅芬草		**HRAC** 15
mepanipyrim ⬙	滅派林		**FRAC** D1, 9
mepronil	滅普寧		**FRAC** C2, 7
meptyl dinocap	白粉克		**FRAC** C5, 29
metaflumizone ⬙	美氟綜	12 小時	**IRAC** 22B
metalaxyl	滅達樂	24 小時	**FRAC** A1, 4
metalaxyl-M	右滅達樂	24 小時	**FRAC** A1, 4
metaldehyde	聚乙醛	12 小時	**Molluscicide**
metam-sodim ⬙ metam-potassium	斯美地	5 天	**IRAC** 8F; **Nematicide** N-UNX
Metarhizium anisopliae	黑殭菌		**IRAC** UNF
metazachlor	滅草胺		**HRAC** 15
metazosulfuron	美速隆		**HRAC** 0
metconazole	滅特座	12 小時	**FRAC** G1, 3

限制進入：農藥施作後，在此限制時間內，禁止無防護裝備人員進入農藥施作區域。

英文普通名	中文普通名	限制進入	作用機制分類
methamidophos ⟨!⟩	達馬松	**48** 小時	**IRAC** 1B
methasulfocarb	滅速克		**FRAC** un, 42
methidathion ⟨!⟩	滅大松	**48** 小時 / **3** 天	**IRAC** 1B
methiocarb ⟨!⟩	滅賜克	**24** 小時	**IRAC** 1A
methomyl ⟨!⟩	納乃得	**2-4** 天	**IRAC** 1A
methoprene	美賜平	**4** 小時	**IRAC** 7A
methoxyfenozide	滅芬諾	**4** 小時	**IRAC** 18
methyl bromide	溴化甲烷		**IRAC** 8A
metiram complex ⟨◈⟩	免得爛	**24** 小時	**FRAC** M03
metobromuron	撲奪草		**HRAC** 5
metolachlor	莫多草	**24** 小時	**HRAC** 15
metolachlor, S-	左旋莫多草	**12** 小時	**HRAC** 15
metolcarb	治滅蝨		**IRAC** 1A
metrafenone	滅芬農	**12** 小時	**FRAC** un13, U8
metribuzin ⟨◈⟩	滅必淨	**12** 小時	**HRAC** 5
mevinphos	美文松		**IRAC** 1B
milbemectin	密滅汀	**12** 小時	**IRAC** 6
mineral oils	礦物油		**FRAC** NC
molinate ⟨◈⟩	稻得壯	**24** 小時	**HRAC** 15
monocrotophos ⟨!⟩	亞素靈		**IRAC** 1B
morantel tartrate	摩朗得酒石酸鹽		**Nematicide**

英文索引

英文普通名	中文普通名	限制進入	作用機制分類
MSMA, monosodium methylarsonate	甲基砷酸鈉	**12** 小時	**HRAC** 0
myclobutanil	邁克尼	**24** 小時	**FRAC** G1, 3
naled	乃力松	**48/72** 小時	**IRAC** 1B
naproanilide	萘普草		**HRAC** 15
napropamide	滅落脫	**24** 小時	**HRAC** 15
naptalam	鈉得爛	**48** 小時	**HRAC** 19
neem oil	苦楝油		**IRAC** UNE；免登資材
niclosamide	耐克螺		**Molluscicide**
nicotine	尼古丁		**IRAC** 4B
novaluron	諾伐隆	**12** 小時	**IRAC** 15
nuarimol	尼瑞莫		**FRAC** G1, 3
omethoate ⬦ ⬦	毆滅松	**9** 天 / **17** 天	**IRAC** 1B
organic oils	有機油		**FRAC** NC
oxadiazon ⬦	樂滅草	**12** 小時	**HRAC** 14
oxadixyl	毆殺斯	**12** 小時	**FRAC** A1, 4
oxamyl ⬦	毆殺滅	**48** 小時	**IRAC** 1A；**Nematicide** N-1A
oxathiapiprolin	歐西比	**12** 小時	**FRAC** F9, 49
oximino acetates	肟乙酸酯類		**FRAC** C3, 11
oxine-copper	快得寧		**FRAC** M01
oxolinic acid	歐索林酸		**FRAC** A4, 31

限制進入：農藥施作後，在此限制時間內，禁止無防護裝備人員進入農藥施作區域。

英文普通名	中文普通名	限制進入	作用機制分類
oxycarboxin	嘉保信		**FRAC** C2, 7
oxydemeton-methyl ⟨!⟩	滅多松	**48** 小時	**IRAC** 1B
oxyfluorfen ⬥	復祿芬	**24** 小時	**HRAC** 14
oxytetracycline	土黴素	**12** 小時	**FRAC** D5, 41
paraquat ⟨!⟩	巴拉刈	**12/24** 小時	**HRAC** 22
paraquat dichloride ⟨!⟩	巴拉刈二氯鹽	**12/24** 小時	**HRAC** 22
parathion-methyl ⟨!⟩	甲基巴拉松	**48** 小時	**IRAC** 1B
pefurazoate	披扶座	**12** 小時	**FRAC** G1, 3
pelargonic acid	壬酸		**HRAC** 0
penconazole	平克座	**12** 小時	**FRAC** G1, 3
pencycuron	賓克隆		**FRAC** B4, 20
pendimethalin ⬥	施得圃	**12** 小時	**HRAC** 3
penflufen	平氟芬	**12** 小時	**FRAC** C2, 7
penoxsulam	平速爛	**12** 小時	**HRAC** 2
penthiopyrad	平硫瑞		**FRAC** C2, 7
permethrin ⬥	百滅寧	**12** 小時	**IRAC** 3A
petroleum oils	礦物油	**4** 小時	**FRAC** NC
phenothrin	撲滅芬成分之一	**12** 小時	**IRAC** 3A
phenthoate	賽達松		**IRAC** 1B
phorate ⟨!⟩	福瑞松	**48** 小時	**IRAC** 1B; **Nematicide** N-1B
phosalone	裕必松		**IRAC** 1B

英文普通名	中文普通名	限制進入	作用機制分類
phosmet	益滅松	> 3-7 天	IRAC 1B
phosphamidon ⚠	福賜米松		IRAC 1B
phosphine	磷化氫		IRAC 24A
phosphorous acid	亞磷酸	3/4 小時	FRAC un, 33
phoxim	巴賽松		IRAC 1B
phthalide	熱必斯		FRAC I1, 16.1
piperophos	愛落殺成分之一		HRAC 15
pirimicarb ⬥ ⬥	比加普	24 小時	IRAC 1A
pirimiphos-methyl	亞特松	12 小時	IRAC 1B
plant oil (mixtures) eugemol, geranil, thymol	混合植物油		FRAC BM01; 免登資材
polyoxins	保粒黴素甲	4 小時	FRAC H4, 19
polyoxorim	保粒黴素丁		FRAC H4, 19
pretilachlor	普拉草		HRAC 15
probenazole	撲殺熱		FRAC P2
prochloraz	撲克拉		FRAC G1, 3
procymidone ⬥	撲滅寧		FRAC E3, 2
profenofos	佈飛松	12 小時	IRAC 1B
prometryn	佈滅淨	12/24 小時	HRAC 5
propamocarb hydrochloride	普拔克	12 小時	FRAC F4, 28
propanil	除草靈	24 小時	HRAC 5

限制進入：農藥施作後，在此限制時間內，禁止無防護裝備人員進入農藥施作區域。

英文普通名	中文普通名	限制進入	作用機制分類
propaquizafop	普拔草		**HRAC** 1
propargite ⬦ ⬦	毆蟎多	**2-5** 天	**IRAC** 12C
propazine	普拔根	**24** 小時	**HRAC** 5
propiconazole ⬦	普克利	**12** 小時	**FRAC** G1, 3
propineb ⬦	甲基鋅乃浦		**FRAC** M03
propoxur ⬦	安丹		**IRAC** 1A
proquinazid	普快淨		**FRAC** E1, 13
prothiofos ⬦	普硫松	**48** 小時	**IRAC** 1B
pydiflumetofen	派滅芬		**FRAC** C2, 7
pymetrozine ⬦	派滅淨	**12** 小時	**IRAC** 9B
pyraclofos	白克松		**IRAC** 1B
pyraclostrobin	百克敏	**12** 小時	**FRAC** C3, 11
pyraflufen-ethyl ⬦	乙基派芬草	**12** 小時	**HRAC** 14
pyrazophos	白粉松		**FRAC** F2, 6
pyrazosulfuron- ethyl	百速隆		**HRAC** 2
pyrazoxyfen	普芬草		**HRAC** 27
pyrethrins	除蟲菊精	**12** 小時	**IRAC** 3A
pyribencarb	派本克		**FRAC** C3, 11
pyridaben	畢達本	**12** 小時	**IRAC** 21A
pyridaphenthion	必芬松		**IRAC** 1B
pyridate	必汰草	**12** 小時	**HRAC** 6
pyrifenox	比芬諾		**FRAC** G1, 3

英文索引
A
B
C

英文普通名	中文普通名	限制進入	作用機制分類
pyriftalid	派伏利		**HRAC** 2
pyrimethanil	派美尼	**12** 小時	**FRAC** D1, 9
pyrimidifen	畢汰芬		**IRAC** 21A
pyriofenone	派芬農		**FRAC** 50
pyriproxyfen	百利普芬	**12** 小時	**IRAC** 7C
pyroquilon	百快隆		**FRAC** I1, 16.1
quinalphos ⬥	拜裕松		**IRAC** 1B
quinclorac	快克草	**12/48** 小時	**HRAC** 4
quinoxyfen ⬥	快諾芬	**12** 小時	**FRAC** E1, 13
quintozene (PCNB)	五氯硝苯		**FRAC** F3, 14
quizalofop-P-ethyl ⬥	快伏草	**12** 小時	**HRAC** 1
rotenone	魚藤精	**4** 小時	**IRAC** 21B
saflufenacil	殺芬草	**12** 小時	**HRAC** 14
salts of fatty acids	脂肪酸鹽類（甘油或丙二醇脂肪酸單酯）	**12** 小時	**IRAC** UNE; 免登資材
sethoxydim	西殺草	**12** 小時	**HRAC** 1
silafluofen ⬥	矽護芬	**12** 小時	**IRAC** 3A
simazine	草滅淨	**12/48** 小時	**HRAC** 5
sodium chlorate	氯酸鈉		**HRAC**
sodium hydrogen carbonate	碳酸氫鈉		免登資材

限制進入：農藥施作後，在此限制時間內，禁止無防護裝備人員進入農藥施作區域。

英文普通名	中文普通名	限制進入	作用機制分類
sodium tetrathiocarbonate	四硫代碳酸鈉		**Nematicide** N-UNX
spidoxamat			**IRAC** 23
spinetoram	賜諾特	**4** 小時	**IRAC** 5
spinosad	賜諾殺	**4** 小時	**IRAC** 5
spirodiclofen	賜派芬	**12** 小時	**IRAC** 23
spiromesifen	賜滅芬	**12** 小時	**IRAC** 23
spirotetramat	賜派滅	**24** 小時	**IRAC** 23; **Nematicide** N-4
spodoptera exigua NPV	甜菜夜蛾核多角體病毒		**IRAC** 31
Streptomyces spp.	鏈黴素屬		**FRAC** BM02; **Nematicide** N-UNB
streptomycin	鏈黴素	**12** 小時	**FRAC** D4, 25
sulfoxaflor	速殺氟	**12/24** 小時	**IRAC** 4C
sulfur	可濕性硫黃	**4/24** 小時	**IRAC** un; **FRAC** M02
sulfuryl fluoride	硫醯氟	**24** 小時	**IRAC** 8C
tartar emetic	吐酒石		**IRAC** 8E
tea tree extract	茶樹精油		**FRAC** BM01
tebuconazole	得克利	**12** 小時 / **5** 天	**FRAC** G1, 3
tebufenozide	得芬諾	**4** 小時	**IRAC** 18
tebufenpyrad	得芬瑞	**12** 小時	**IRAC** 21A

英文普通名	中文普通名	限制進入	作用機制分類
tecloftalam	克枯爛		**FRAC** un, 34
teflubenzuron	得福隆	**6** 小時	**IRAC** 15
temephos	亞培松		**IRAC** 1B
tepraloxydim ⬥	得殺草	**12** 小時	**HRAC** 1
terbufos ⚠	托福松	**48** 小時	**IRAC** 1B; **Nematicide** N-1B
tetraconazole ⬥	四克利	**12** 小時	**FRAC** G1, 3
tetradifon	得脫蟎		**IRAC** 12D
tetramethrin	治滅寧		**IRAC** 3A
tetraniliprole	特安勃	**12** 小時	**IRAC** 28
thenylchlor	欣克草		**HRAC** 15
thiabendazole	腐絕	**12** 小時	**FRAC** B1, 1
thiacloprid ⬥	賽果培	**12** 小時	**IRAC** 4A
thiamethoxam	賽速安	**12** 小時	**IRAC** 4A
thifluzamide	賽氟滅		**FRAC** C2, 7
thiobencarb	殺丹	**24** 小時	**HRAC** 15
thiocyclam hydrogen oxalate	硫賜安		**IRAC** 14
thiodicarb ⬥	硫敵克	**24/48** 小時	**IRAC** 1A; **Nematicide** N-1A
thiofanox ⚠	硫伐隆		**IRAC** 1A
thiometon ⚠	硫滅松		**IRAC** 1B
thiophanate	多保淨		**FRAC** B1, 1

限制進入：農藥施作後，在此限制時間內，禁止無防護裝備人員進入農藥施作區域。

英文普通名	中文普通名	限制進入	作用機制分類
thiophanate-methyl ⬥	甲基多保淨	**12/48** 小時	**FRAC** B1, 1
thiram ⬥	得恩地	**24** 小時	**FRAC** M03
thymol	百里酚		**IRAC** UN
tolclofos-methyl	脫克松		**FRAC** F3, 14
tolfenpyrad ⬥	脫芬瑞	**12** 小時	**IRAC** 21A; **FRAC** C1, 39
tolylfluanid ⟨!⟩ ⬥	甲基益發靈		**FRAC** M06
tralomethrin	泰滅寧		**IRAC** 3A
triadimefon	三泰芬	**12** 小時	**FRAC** G1, 3
triadimenol ⬥	三泰隆		**FRAC** G1, 3
triazophos ⟨!⟩	三落松		**IRAC** 1B
tribasic copper sulfate	三元硫酸銅	**48** 小時	**FRAC** M01
trichlorfon ⬥	三氯松	**12** 小時	**IRAC** 1B
Trichoderma asperellum	棘孢木黴菌		**FRAC** BM02
Trichoderma spp.	木黴菌		**FRAC** BM02; **Nematicide** N-UNF
triclopyr-butotyl	三氯比	**12** 小時	**HRAC** 4
tricyclazole	三賽唑		**FRAC** I1, 16.1
tridemorph ⬥	三得芬		**FRAC** G2, 5
trifloxystrobin	三氟敏	**12** 小時	**FRAC** C3, 11
triflumezopyrim	氟美派		**IRAC** 4E
triflumizole ⬥	賽福座	**12** 小時	**FRAC** G1, 3

英文普通名	中文普通名	限制進入	作用機制分類
trifluralin 🔶 ⚠	三福林	**12** 小時	**HRAC** 3
triforine	賽福寧		**FRAC** G1, 3
validamycin A	維利黴素		**FRAC** H3, 26
vamidothion ⟨!⟩	繁米松		**IRAC** 1B
vinclozolin 🔶	免克寧		**FRAC** E3, 2
warfarin ⟨!⟩ 🔶	殺鼠靈		**Rodenticide**
XMC	滅克蝨		**IRAC** 1A
xylylcarb	滅爾蝨		**IRAC** 1A
ziram	益穗成分		**FRAC** M03
zoxamide	座賽胺	**48** 小時	**FRAC** B2, 22

以下尚未在國內登記

benthiavalicarb			**FRAC** H5, 40
cadusafos			**Nematicide** N-1B
ciodomethanol			**Nematicide** N-UNX
cyclobutrifluram			**Nematicide** N-3
ethylene dibromide			**Nematicide** N-UNX
fluazaindolizine			**Nematicide** N-UN
flupyradifurone		**4** 小時	**IRAC** 4D
flupyrimin			**IRAC** 4F

限制進入：農藥施作後，在此限制時間內，禁止無防護裝備人員進入農藥施作區域。

英文普通名	中文普通名	限制進入	作用機制分類
fubericazole			**FRAC** B1, 1
furfural			**Nematicide** N-UN
imicyafos			**Nematicide** N-1B
isocycloscram			**IRAC** 30
lepimectin			**IRAC** 6
orthosulfamuron			**HRAC** 2
picoxystrobin			**FRAC** C3, 11
pinoxaden			**HRAC** 1
sodium tetrathiocarbonate			**Nematicide** N-UNX
spiropidion			**IRAC** 23
terpenes			**Nematicide** N-UNE
valifenalate			**FRAC** H5, 40

免登記植物保護資材為農藥管理法第九條及第三十七條所定不列管之農藥：

（一）符合附表所定名稱、成分或含量、使用範圍及注意事項之產品。

（二）前款以外產品，其原料屬食品安全衛生管理法第三條第一款所定食品。

序號	中文名	英文名	成分或含量
1	甲殼素 (甲殼素鹽酸鹽)	Chitosan (Chitosan Hydrochloride)	
2	大型褐藻萃取物	*Ecklonia maxima* Seaweed extract	
3	苦楝油	Neem oil	印楝素 (Azadirechtin) 含量不得超過 0.5%
4	矽藻土	Diatomaceous earth	含結晶態二氧化矽量不得超過 3%，且其直徑 50 微米以下者不得超過 0.1%。
5	次氯酸鹽類	Hypochlorites	
6	碳酸氫鈉	Sodium hydrogen carbonate	
7	苦茶粕 (皂素)	Camillia oil meal (saponin)	
8	無患子 (皂素)	Soapberry (saponin)	

使用範圍					注意事項
用於防除農林作物或其產物之有害生物			用於調節農林作物之生長或影響其生理作用	用於調節有益昆蟲生長	
害蟲	病菌	其他			
✓	✓				
			✓		
✓					
✓					施用時需有適當呼吸防護措施。
	✓				
	✓				
✓		✓ 軟體動物			1. 不得用於農林作物之栽培水域。 2. 施用時需有適當防護措施。
✓					1. 不得用於農林作物之栽培水域。 2. 施用時需有適當防護措施。

序號	中文名	英文名	成分或含量
9	脂肪酸鹽類（皂鹽類）	Fatty acid salts (soap)	
10	二氧化矽	Silicon dioxcide	含結晶態二氧化矽量不得超過3%，且其直徑 50 微米以下者不得超過 0.1%。
11	碳酸鈣	Calcium carbonate	
12	高嶺石	Kaolinite	
13	中性化亞磷酸	Phosphorous acid + Potassium hydroxide	
14	矽酸鉀	Potassium silicate	
15	柑桔精油（D-檸檬烯）	Orange oil (D-limonene)	

使用範圍					注意事項
用於防除農林作物或其產物之有害生物			用於調節農林作物之生長或影響其生理作用	用於調節有益昆蟲生長	
害蟲	病菌	其他			
✓					1. 含十二至十八個碳數之長鏈脂肪酸為主。 2. 不得用於農林作物之栽培水域。 3. 施用時需有適當防護措施。
	✓				施用時需有適當防護措施。
✓	✓				施用時需有適當防護措施。
✓					施用時需有適當防護措施。
	✓				1. 亞磷酸及氫氧化鉀以 1：1 比例調配。 2. 施用時需有適當防護措施。
	✓				施用時需有適當防護措施。
✓	✓				1. 不得用於農林作物之栽培水域。 2. 施用時需有適當防護措施。

序號	中文名	英文名	成分或含量
16	木醋液、竹醋液及其他植物源乾餾醋液	Vinegar	
17	壬酸／壬酸胺（鹽類）	Pelargonic acid (Nonanoic acid)/ Ammonium nonanoate	
18	幾丁質	Chitin	
19	磷酸鐵	Ferric phosphate	

使用範圍					注意事項
用於防除農林作物或其產物之有害生物			用於調節農林作物之生長或影響其生理作用	用於調節有益昆蟲生長	
害蟲	病菌	其他			
✓	✓				1. 其他植物源如稻殼、椰子殼、菱角殼、大蒜膜及小花蔓澤蘭等。 2. 施用時需有適當防護措施。
		✓ 雜草	✓ 植株乾燥		1. 作為防除雜草用途不可噴及作物，以免發生藥害。 2. 不得用於農林作物之栽培水域。 3. 施用時需有適當防護措施。
		✓ 線蟲			註：chitin 經去乙醯化處理後為 Chitosan。
		✓ 軟體動物			1. 不得用於農林作物之栽培水域。 2. 施用時需有適當防護措施。

序號	中文名	英文名	成分或含量
20	肉桂精油（肉桂醛）	Cinnamon essential oil (Cinnamic aldehyde)	
21	澳洲茶樹精油	Melaleuca alternifolia Tea tree essential oil	

免登記植物保護資材依「免登記植物保護資材申請程序及 審核原則」完成登錄者，其產品相關資訊將刊載於行政院農業部動植物防疫檢疫署網站＼農藥資訊服務網＼免登記植物保護資材專區 (https://pesticide. aphia.gov.tw/information/Data/Protectnews)。

使用範圍					注意事項
用於防除農林作物或其產物之有害生物			用於調節農林作物之生長或影響其生理作用	用於調節有益昆蟲生長	
害蟲	病菌	其他			
✓	✓	✓ 線蟲			1. 不得用於農林作物之栽培水域。 2. 施用時需有適當防護措施。 3. 使用前宜先進行小面積藥害測試。 4. 避免高溫時施用。
	✓				1. 不得用於農林作物之栽培水域。 2. 施用時需有適當防護措施。 3. 使用前宜先進行小面積藥害測試。 4. 避免高溫時施用。

有機農產品有機轉型期農產品驗證基準與其生產加工分裝流通及販賣過程可使用之物質

第一章 驗證基準

第三部分　作物

（一）病蟲害管理

　1. 生物防治技術

　(1) 釋放寄生性、捕食性昆蟲天敵。

　(2) 非基因改造生物之**微生物製劑**。

第二章 生產加工分裝流通及販賣過程可使用物質

二、作物生產

（一）病蟲草害管理可使用物質

　1. 得使用之合成化學物質，包括使用合成化學物質處理或經化學反應改變原理化特性者，規定如下：

名　　稱	使 用 條 件
(1) 甲殼素 (2) 化工醋類 (3) 含氯物質：次氯酸鹽類、氯酸鹽類、二氧化氯等 (4) 含銅物質：硫酸銅、氫氧化銅、氧化亞銅、鹼性氯氧化銅、三元硫酸銅等 (5) 波爾多液（硫酸銅＋生石灰） (6) 中性化亞磷酸 (7) 碳酸氫鉀、碳酸氫鈉（小蘇打） (8) 碳酸鈣 (9) 石灰、硫磺、石灰硫磺合劑	1. 使用含氯或銅物質時，儘量減少土壤中氯或銅的累積。

名　　稱	使用條件
(10) 氫氧化鉀 (11) 含矽物質：矽酸鹽類、二氧化矽 (12) 礦物油 (13) 昆蟲誘引或忌避物質（費洛蒙、甲基丁香油、蛋白質水解物、克蠅等） (14) 脂肪酸鹽類（皂鹽類）、不含殺菌劑之天然油脂皂化資材 (15) 硼砂（硼酸） (16) 含毒甲基丁香油	2. 使用費洛蒙、昆蟲誘引物質、硼砂（硼酸）不得直接與作物接觸。 3. 含毒甲基丁香油使用時應放置於誘引器，避免與植株及土壤直接接觸，並於使用前提交使用計畫經驗證機構審查核可後方能依計畫使用。

2. 天然物質除下列規定者外，皆可使用：

名　　稱	使用條件
(1) 毒魚藤 (2) 對人體有害之植物性萃取物與礦物性材料	

有機農業商品化資材網路公開品牌可參照農糧署網站。

國家圖書館出版品預行編目資料

農藥這樣選就對了：安全性管理必備手冊.
　2024／許如君編著. ――初版.――臺北
　市：五南圖書出版股份有限公司, 2024.10
　面；　公分
　ISBN 978-626-393-819-9（平裝）

1.CST：農藥　2.CST：手冊

433.73026　　　　　　　113014505

5N74

農藥這樣選就對了—
安全性管理必備手冊2024

編 著 者 — 許如君

　　　　　　　國立臺灣大學昆蟲學系／植物醫學碩士學位學

審　　訂 — 馮海東

企劃主編 — 李貴年

責任編輯 — 何富珊

封面設計 — 李昀

繪　　圖 — 林柏安

資料整理 — 吳昌昱、吳秀蓮、林晁毅

美術及排版設計 — 李昀

出 版 者 — 五南圖書出版股份有限公司

發 行 人 — 楊榮川

總 經 理 — 楊士清

總 編 輯 — 楊秀麗

地　　址：106臺北市大安區和平東路二段339號4

電　　話：(02)2705-5066　　傳　　真：(02)2706-6

網　　址：https://www.wunan.com.tw

電子郵件：wunan@wunan.com.tw

劃撥帳號：01068953

戶　　名：五南圖書出版股份有限公司

法律顧問　林勝安律師

出版日期　2024年10月初版一刷

定　　價　新臺幣320元